KB173037

마이컬슨이 들려주는 프리즘 이야기

마이컬슨이 들려주는 프리즘 이야기

ⓒ 송은영, 2010

초   판   1쇄 발행일 | 2005년 11월 7일
개정판   1쇄 발행일 | 2010년 9월 1일
개정판 11쇄 발행일 | 2021년 5월 31일

지은이 | 송은영
펴낸이 | 정은영
펴낸곳 | (주)자음과모음

출판등록 | 2001년 11월 28일 제2001-000259호
주   소 | 04047 서울시 마포구 양화로6길 49
전   화 | 편집부 (02)324-2347, 경영지원부 (02)325-6047
팩   스 | 편집부 (02)324-2348, 경영지원부 (02)2648-1311
e-mail | jamoteen@jamobook.com

ISBN 978-89-544-2064-8 (44400)

• 잘못된 책은 교환해드립니다.

마이컬슨이
들려주는

프리즘 이야기

| 송은영 지음 |

파동론

입자론

|주|자음과모음

마이컬슨을 꿈꾸는 청소년을 위한 '프리즘' 이야기

세상에는 두 부류의 천재가 있다고 합니다.

한 부류는 창의적인 사고가 무척 기발하고 독창적이어서, 우리와 같은 평범한 사람은 결코 따라갈 수 없는 천재입니다. 그리고 또 한 부류는 우리도 부단히 노력하면 그와 같이 될 수 있을 것 같은 천재입니다.

아인슈타인과 같은 천재는 말할 것 없고, 우리도 능히 될 수 있을 것 같은 천재들에게서 남다르게 나타나는 것은 '빛나는 창의적 사고'입니다.

빛나는 창의적 사고와 직접적인 연관이 있는 것은 '생각하는 힘'입니다. 이런 생각을 하며 창의적인 사고를 충분히 키

울 수 있는 방향으로 글을 썼습니다.

이 책에서는 빛의 본성에 관한 이야기를 풀어 놓고 있습니다. 고전 물리학의 완성자 뉴턴은 빛이 알갱이와 같은 입자로 이루어져 있다는 빛의 입자론을 주장했지요. 그 후 입자론은 의심 없이 빛의 본성으로 받아들여졌는데, 영국의 의사이자 물리학자 영이 새로운 증거를 제시하면서 입자론과 파동론 사이에 뜨거운 논쟁이 불붙었습니다.

19세기에 들어 프랑스의 프레넬과 푸코가 파동론의 또 다른 증거를 제시하고, 19세기 후반에 맥스웰이 전자기파 이론을 내놓으면서 파동론은 확고부동한 이론으로 우뚝 서게 되었답니다. 그러나 20세기에 들어 아인슈타인이 빛은 입자와 파동의 성질을 함께 갖는다는 사실을 발표하면서 빛의 본성에 대한 논쟁은 마무리 지어졌습니다. 이 책을 읽으면서 여러분의 창의적 사고가 한껏 자라길 바랍니다.

늘 빚진 마음이 들도록 한결같이 저를 지켜봐 주는 여러분과 이 책이 나오는 소중한 기쁨을 함께 나누고 싶습니다.

송 은 영

차례

빛의 정의

빛이란 무엇일까요?
아리스토텔레스와 뉴턴이 생각하는 빛의 정의에 대해 알아봅시다.

1

첫 번째 수업
빛의 정의

마이컬슨이 빛에 대한
질문을 던지며
첫 번째 수업을 시작했다.

빛의 고마움

빛이란 무엇일까요?

매일 마주하면서도 막상 이런 질문을 받으면 답이 쉽게 떠오르지 않습니다. 솔직히 딱히 무어라 꼬집어 말하기 어려운 게 빛입니다.

빛이라고 하면 우리는 대개 태양광선을 떠올립니다. 그리고 태양광선을 빛의 전부로 생각하곤 합니다. 이렇게 생각하는 데에는 그만한 이유가 있습니다.

빛이 뭐이여?

    햇빛은 지구 에너지의 근원이지요. 동물과 식물은 태양 에너지 덕분에 삶을 누리고 있습니다. 햇빛 없는 지구는 오아시스 없는 사막이나 마찬가지이지요.

    그렇습니다. 태양 에너지는 지구를 지탱해 주는 튼실한 밑거름입니다. 하지만 빛의 고마움은 여기서 그치지 않습니다.

    깜깜한 곳에서는 제아무리 시력이 좋아도 사물을 파악하기가 어렵습니다. 빛이 존재하지 않으면 다이아몬드의 영롱함도, 가을 산을 아름답게 수놓은 단풍도, 한라산에 하얗게 쌓인 눈도 인식할 수가 없습니다.

    적외선 감시 카메라, 자외선 투시기 등도 다 빛이 있기 때문에 쓸모가 있는 것이랍니다.

금강산이 먼지면 뭐해? 보이질 않는구만!

아리스토텔레스가 본 빛의 본래 색

빛의 이러한 특성을 알고 나자 욕심이 생겼습니다. 빛에 대해서 더 많이 알고 싶은 욕심이 생긴 겁니다.

빛은 어떤 색일까?

이러한 고민에 과학적으로 접근한 최초의 학자는 아리스토텔레스(Aristoteles, B.C.384~B.C.322)였습니다. 아리스토텔레스의 제자가 물었습니다.

"스승님, 빛의 본래 색은 무엇입니까?"

아리스토텔레스가 말했습니다.

"순수한 하얀색이니라."

"왜 그렇게 보시는지요?"

"하얀색은 불순물이 전혀 섞여 있지 않은 순수의 색 그 자체이기 때문이니라."

뉴턴의 등장

아리스토텔레스가 빛에 대해서 내린 이러한 정의는 불변하는 하나의 진리처럼 굳어지며, 17세기 후반까지 이어져 내려왔습니다.

그러나 진실은 언젠가는 밝혀지게 마련이지요. 뉴턴이 등장해서 아리스토텔레스의 정의는 사실과 다르다고 주장하고 나섰던 것입니다.

고전 물리학의 완성자 뉴턴에게 1672년은 뜻깊은 해였습니다. 그해에 뉴턴은 내로라하는 최고의 학자들이 모이는 왕립 학회의 회원으로 천거되었습니다. 그리고 일련의 연구 결과를 뿌듯하게 발표했는데, 그중 하나가 빛과 색에 관한 것이었습니다.

뉴턴은 〈빛과 색깔에 관한 새로운 이론〉의 논문 첫머리에서 이렇게 말했습니다.

"나는 광학 기기를 만들기 위해서 유리를 가는 작업을 열

아리스토텔레스의 빛 이론이여,
기다려라!

심히 하였습니다. 그러면서 다양한 형태의 거울과 렌즈를 흥미롭게 다듬었지요. 삼각형 모양의 프리즘도 그중 하나였습니다."

　뉴턴은 이렇게 제작한 광학 기기를 충분히 이용해서 빛의 본래 색이 무엇인가를 명백하게 밝히는 일련의 실험을 했습니다.

아~, 너무 더워요. 햇빛이 없었으면 좋겠어요.

햇빛이 얼마나 고마운 존재인데 그런 말을 하니!

맞아요. 빛이 없다면 우리는 삶을 살아갈 수가 없답니다. 특히 깜깜한 곳에서는 제아무리 시력이 좋아도 사물을 볼 수가 없답니다.

어두워서 아무것도 안 보여

어두운 밤에 볼 수 있는 적외선 카메라 같은 것도 있잖아요.

적외선도 빛의 일종이랍니다. 그래서 빛이 없다면 적외선 감시 카메라도 무용지물이지요.

그렇게 중요한 것이라면 빛에 대해서 그동안 많은 사람들이 연구했겠군요?

맞아요. 최초로 과학적인으로 접근한 사람은 아리스토텔레스였습니다.

그는 빛은 순수한 흰색이라고 했는데, 흰색은 불순물이 전혀 섞여 있지 않은 순수의 색 그 자체이기 때문이라고 생각했지요.

빛은 흰색이야!

이후 뉴턴은 〈빛과 색깔에 관한 새로운 이론〉 논문을 통해 아리스토텔레스의 정의는 사실과 다르다고 주장하고 나섰습니다. 자세한 것은 다음에 더 설명해 줄게요.

네!

빛과 색깔에 관한 새로운 이론

2

뉴턴의 프리즘 실험

프리즘을 통과한 빛은 일곱 가지 무지개 색으로 나타납니다.
빛의 고유한 특성에 대해 알아봅시다.

2

두 번째 수업
뉴턴의 프리즘 실험

마이컬슨의 두 번째 수업은
뉴턴의 프리즘 실험에 대한
내용이었다.

일곱 색깔 띠

　뉴턴은 실험실의 불을 껐습니다. 그리고 내부를 검은 커튼
으로 가렸습니다. 그러나 빛이 들어올 수 있는 길을 완전히
차단한 것은 아니었습니다. 커튼의 한쪽에 작은 구멍을 뚫어
서 햇빛이 들어올 수 있도록 했습니다. 구멍은 일단 천을 붙
여서 가려 놓았습니다.

　뉴턴은 책상 한쪽에 프리즘을 고정시키고 숨을 골랐습니
다. 잠시 후면 버젓이 나타날 실험 결과에 자못 흥분하고 있

는 것이었습니다.

'어떤 색이 나타날까?'

커튼 구멍으로 들어온 빛이 프리즘을 통과하고 벽에 드리울 색깔을 상상하고 있는 것이었습니다.

뉴턴은 창가로 다가가서 구멍을 덮고 있는 천을 조심스럽게 떼어냈습니다. 그러자 햇빛이 기다렸다는 듯이 강렬한 빛줄기를 내뿜으며 실험실로 들어왔습니다. 빛은 프리즘을 통과하고 벽에 의문의 색을 드리웠습니다.

"역시 놀라워!"

뉴턴은 감탄사를 절로 토해 내었습니다. 그 이전까지 누구도 감히 예측하지 못했던 결과가 눈앞에 선연히 나타난 것이었습니다. 벽에는 빨강에서 보라까지 7가지의 무지개 색이

정연하게 늘어서 있었습니다.

그러나 뉴턴은 들뜬 기분을 애써 눌렀습니다. 그리고 생각했습니다.

'지금 내 눈앞에서 펼쳐지고 있는 이것이 깨질 수 없는 진리라면, 언제 어디서 실험을 하든 늘 같은 결과가 나와야 할 것이다.'

뉴턴은 앞과 같은 실험을 반복하고 또 반복해 보았습니다. 결과는 매번 동일했습니다. 프리즘을 통과한 햇빛은 예외 없이 7가지 무지개 색을 영롱히 드리우는 것이었습니다.

수천 년간 무너지지 않을 진리처럼 인식되어 온 아리스토텔레스의 생각이 마침내 무참히 무너지는 순간이었습니다.

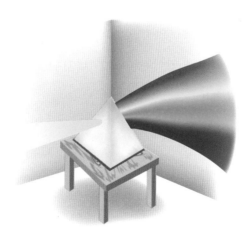

빨강과 보라의 꺾이는 정도

뉴턴의 실험에서, 프리즘을 통과한 빛은 빨강에서 보라까지 7가지의 무지개 색을 영롱히 드리웠습니다. 그러나 무지개 색이 아무렇게나 맺어지는 건 아니랍니다. 거기에는 나름의 규칙이 있지요.

자, 그럼 프리즘을 통해서 만들어진 일곱 가지의 무지개 색인 빨강, 주황, 노랑, 초록, 파랑, 남색, 보라를 떠올리면서 사고 실험을 하겠습니다.

프리즘을 통과한 빛은 꺾여요.

그리고 꺾이는 정도는 7가지의 무지개 색깔마다 달라요.
빛이 다르게 꺾인다는 건 빛의 움직이는 모습과 움직이는 속도가
같지 않다는 뜻이에요.

빛이 꺾이는 성질을 굴절이라고 합니다. 컵 속에 넣은 젓가
락이 휘어 보이고, 물이 실제보다 얕아 보이는 것은 다 빛이
굴절하기 때문이랍니다.
그리고 여기서 말한 빛의 움직이는 모습과 정도를 전문 용
어로 파장이라고 합니다. 즉, 빨강, 주황, 노랑, 초록, 파랑,
남색, 보라 7가지의 무지개 색 각각은 자기만의 독특한 파장
을 갖고 있는 겁니다.
파장은 빨강이 가장 길고, 보라가 가장 짧아요. 그러니까

왜 이렇게 얕아 보이지?

빨강에서 보라 쪽으로 갈수록 파장이 짧아지는 겁니다.

사고 실험을 계속하겠습니다.

보폭이 길면, 같은 시간 동안에 더 먼 거리를 갈 수가 있어요.
마찬가지로 빛도 파장이 길면 더 먼 거리를 움직일 수가 있어요.
그래서 7가지 무지개 색 중에서 파장이 가장 긴 빨강이 가장 먼
거리를 움직이고, 파장이 가장 짧은 보라가 가장 짧은 거리를 움직
이는 거예요.

세상은 참으로 공평하답니다. 장점을 모두 다 가질 수는 없
지요. 장점이 있으면 단점이 있게 마련입니다. 보폭과 파장
의 문제도 그렇습니다. 보폭이 길면 긴 거리를 짧은 시간에

내딛을 수는 있어도, 사거리 같은 곳에서는 바로 꺾어서 옆으로 내딛기가 수월하지 않답니다. 이 경우는 보폭이 짧을수록 유리하지요.

파장의 경우도 다르지 않답니다.

사고 실험을 계속 이어 가겠습니다.

빨강은 파장이 길어요.

파장이 길다는 건 오른쪽이나 왼쪽으로 꺾는 게 쉽지 않다는 뜻이에요.

그래서 파장이 긴 빛은 큰 각으로 꺾어질 수가 없는 거예요.

이것이 바로 빨강의 굴절각이 작은 이유예요.

반면, 보라는 파장이 짧아요.

파장이 짧다는 건 파장이 긴 경우보다 옆으로 꺾는 것이 수월하다는

빛

뜻이에요.

그래서 파장이 짧은 빛은 큰 각으로 꺾어질 수가 있는 거예요.

이것이 바로 보라의 굴절각이 큰 이유예요.

　프리즘을 통과한 빨강, 주황, 노랑, 초록, 파랑, 남색, 보라의 7가지 무지개 색을 보면 빨강이 가장 적게 꺾이고 보라가 가장 많이 꺾이는 걸 알 수 있어요. 그렇게 되는 이유는 바로 파장의 길고 짧음에 있는 것이랍니다. 즉, 빨강은 파장이 길고, 보라는 파장이 짧기 때문에 꺾이는 각도가 다른 것입니다.

　파장은 빛의 고유한 특성입니다. 그러니까 빨강과 보라의 파장은 언제 어디서건 바뀔 수가 없어요. 그렇기 때문에 무지개 색에서 빨강과 초록의 순서가 바뀌거나, 파랑과 노랑의 순서가 뒤바뀌는 일은 절대로 일어나지 않지요.

　프리즘을 통과한 빛은 빨강에서 보라로 갈수록 많이 꺾인다.

분산과 무지개, 그리고 스펙트럼

빛이 7가지의 무지개 색으로 나누어지는 것을 분산(分散)이라고 합니다. 뉴턴이 바로 이 분산을 처음 발견한 것입니다.

무지개는 빛의 굴절과 분산으로 생기는 자연 현상입니다. 상공에 떠 있는 무수한 물방울은 프리즘과 같은 기능을 하면서 일정한 규칙에 따라 햇빛을 반사합니다.

42° 전후한 각도에 떠 있는 물방울이 주로 무지개를 만들지요. 물방울에 굴절된 태양 광선은 빨강, 주황, 노랑, 초록, 파랑, 남색, 보라의 띠로 분산되는데 빨강은 43°, 보라는 41° 근처의 각도에서 반사가 이루어진답니다.

빛이 분산을 하고 만든 띠를 스펙트럼이라고 합니다. 그러

니까 무지개는 자연 현상이 낳는 분산의 좋은 예이지요.

스펙트럼의 종류에는 연속 스펙트럼, 선 스펙트럼, 흡수 스펙트럼 등이 있습니다.

무지개처럼 빨강에서 보라까지의 7가지 색이 연속적으로 이어진 띠를 연속 스펙트럼이라고 합니다. 그리고 특정 상태의 기체가 방출하는 빛은 독특한 가는 선으로 나타나는데, 이것을 선 스펙트럼이라고 합니다.

햇빛을 받은 특정 기체가 특정한 파장을 흡수해 버리면 연속 스펙트럼 사이에 검은 선이 나타나는데, 이것을 흡수 스펙트럼이라고 합니다.

3

빛의 성질

뉴턴은 3가지의 결정적인 실험을 했습니다.
프리즘을 통해 알아낸 빛의 여러 성질에 대해 알아봅시다.

3

세 번째 수업

빛의 성질

마이컬슨이 지난 시간에 이어
뉴턴의 실험 주제로
세 번째 수업을 시작했다.

첫 번째 실험

프리즘은 빛을 요리하는 요술쟁이입니다. 뉴턴은 프리즘의
이러한 장점을 충분히 이용해서 빛의 또 다른 성질을 알아내
었지요. 이를 위해 뉴턴은 3가지의 결정적인 실험을 생각했
습니다.

사고 실험을 하겠습니다.

프리즘을 2개 준비해요.

2개의 프리즘 사이를 떨어뜨려 놓은 다음, 앞의 프리즘에 빛을 통과시켜요.

프리즘을 통과한 빛은 7가지의 무지개 색으로 나누어질 거예요.

빛이 분산되었기 때문이지요.

분산된 빛 가운데 하나를 골라서 뒤의 프리즘에 통과시켜 보아요.

그러니까 빨강, 주황, 노랑, 초록, 파랑, 남색, 보라로 나누어진 7가지의 무지개 색 중에서 하나만 골라서 뒤의 프리즘에 통과시키란 거예요.

저는 빨강을 골랐어요.

뒤의 프리즘을 통과한 색은 어떻게 변할까요?

빨강, 주황, 노랑, 초록, 파랑, 남색, 보라로 다시 나누어질까요?

아니면 빛의 원래 색인 순수한 흰색으로 돌아갈까요?

다른 색으로 변할까요, 그도 아니면 빨강이 나올까요?

프리즘이 7가지 색으로 빛을 분산시킨 건 빛이 무지개 색으로 이루어져 있기 때문이에요.

빨강은 빨강 그 자체이지요.

더 이상의 다른 색과 혼합돼 있는 게 아니란 뜻이에요.

빛

그러니 빨강은 다시 빨강으로 나올 거예요.

그렇습니다. 추측대로였습니다.

이러한 결과는 빨강에서만 나타나는 건 아니랍니다. 두 번째 프리즘으로 들어간 빛이 주황이건, 파랑이건, 보라건 하나의 색깔이라면 어느 것이든 그 색 그대로 나오게 된답니다. 즉, 프리즘으로 들어간 것과 동일한 색이 프리즘을 통해서 나오는 것이지요. 7가지의 무지개 색 중에서 뽑아낸 빨강처럼 순수한 하나의 성질만을 가진 빛이 나오는 것이랍니다.

레이저에서 나오는 강렬한 하나의 빛을 우리는 단색광이라고 합니다.

첫 번째 실험 결과
프리즘을 통과한 각각의 빛은 더 이상 나누어지지 않는다.

두 번째 실험

뉴턴은 프리즘에서 나온 각각의 빛을 이용한 또 하나의 실험을 하였습니다.

사고 실험을 하겠습니다.

이번에는 프리즘을 여러 개 준비해요.

여러 개의 프리즘을 일정 거리만큼 떨어뜨려 놓은 다음,

맨 앞의 프리즘에 빛을 통과시키면 7가지의 무지갯빛이 나와요.

이렇게 분산된 빛 중 하나를 골라서 연이어 놓은 두 번째, 세 번째,

네 번째……의 프리즘에 계속 통과시켜 보아요.

저는 초록을 골랐어요.

두 번째 프리즘을 통과하고 나온 색은 여전히 초록이겠지만 세 번

째, 네 번째…… 프리즘을 지나고 나온 색깔은 어떨까요?

어느 한 프리즘에 이르러서는 7가지의 무지개 색이 나타날까요?

아니면 아리스토텔레스가 주장한 빛의 원래 색이 나올까요?

지금까지 나오지 않은 전혀 엉뚱한 색으로 변할까요?

그도 아니면 아무리 많은 프리즘을 지나더라도 초록이 나오는 건

변치 않을까요?

분산은 빛을 나누는 거예요.

더 이상 나눌 빛이 없으면 분산 현상은 일어나지 않을 거예요.

빨강과 마찬가지로 초록도 더는 나눌 게 없어요.

빛이 아무리 많은 프리즘을 통과한다고 해도 초록은 늘 그대로의

색으로 나올 거예요.

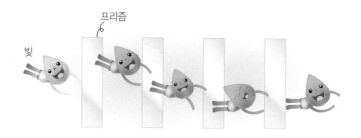

빛

프리즘

그렇습니다. 빛이 지나간 프리즘의 개수는 전혀 상관이 없습니다. 뉴턴은 여기에서 그치지 않고 프리즘을 통과한 빛의 꺾이는 각도에 대해서도 생각해 보았습니다.

사고 실험을 하겠습니다.

빨강, 주황, 노랑, 초록, 파랑, 남색, 보라는 움직이는 모습이 달라요.

바로 파장이 다른 거예요.

모양과 재질이 같은 여러 개의 프리즘을 일렬로 떨어뜨려 놓고

빨강, 주황, 노랑, 초록, 파랑, 남색, 보라 중 어떤 색을 골라서 통과

시키더라도 변치 않는 색이 나와요.

그렇다면 그때 그 빛들이 꺾이는 각도는 어떻게 될까요?

여전히 변함이 없을까요?

아니면 변화무쌍하게 마구 바뀔까요?

빛 속에 들어 있는 각각의 무지개 색이 아무리 많은 프리즘을 지나

더라도 늘 그대로의 모습을 보이는 건, 그 빛이 지니고 있는 특성을

잃지 않기 때문이에요.

파장은 이 각각의 빛이 갖고 있는 특성 가운데 하나예요.

이 빛의 특성은 프리즘을 아무리 많이 거친다고 해도 변하지 않으니 이 빛들이 가진 자신만의 파장도 변하지 않을 거예요. 그러므로 빨강, 주황, 노랑, 초록, 파랑, 남색, 보라가 꺾이는 각도는 달라지지 않겠지요.

파랑이 굴절하는 각도는 몇 개의 프리즘을 지나든 상관없이 늘 똑같을 거란 말이에요.

그렇습니다. 파장은 빛이 지니고 있는 고유한 성질 가운데 하나입니다. 고유한 성질은 변하지 않아야 하는 겁니다. 프리즘을 한 번 통과했다고 해서 변한다면, 결코 고유한 성질이라고 볼 수가 없지요.

이것이 바로 몇 개의 프리즘을 통과하든 빨강, 주황, 노랑, 초록, 파랑, 남색, 보라 각자 빛의 굴절각이 늘 똑같은 이유랍니다.

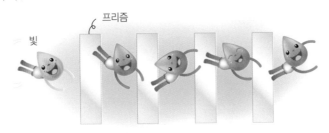

빛   프리즘

두 번째 실험 결과

• 몇 개의 프리즘을 통과하든 빨강, 주황, 노랑, 초록, 파랑, 남색, 보라 각각의 빛은 늘 똑같은 모습으로 나타난다.

• 몇 개의 프리즘을 통과하든 빨강, 주황, 노랑, 초록, 파랑, 남색, 보라 각각의 빛은 늘 똑같은 각도로 꺾인다.

단색광은 언제나 그대로의 색을 유지한 채, 일정한 각도로 굴절한답니다.

세 번째 실험

뉴턴은 빛의 성질을 해부하는 마지막 실험으로, 흩어진 빨강, 주황, 노랑, 초록, 파랑, 남색, 보라를 모으는 실험을 했습니다.

사고 실험을 하겠습니다.

첫 번째 실험처럼 프리즘을 2개 준비해요.

2개의 프리즘을 일정 거리만큼 떨어뜨려 놓은 다음,

앞의 프리즘에 빛을 통과시키면 7가지 무지개 색이 나올 거예요.

이렇게 분산된 빛 모두를 두 번째 프리즘에 보내는 거예요.

그러니까 빨강, 주황, 노랑, 초록, 파랑, 남색, 보라의 7가지 색을

모두 두 번째 프리즘에 통과시키는 거예요.

그럼 어떤 결과가 나올까요?

빨강, 주황, 노랑, 초록, 파랑, 남색, 보라로 나누어질까요?

아니면 빛의 원래 색으로 돌아갈까요?

7가지의 무지개 색 중에서 아무것이나 순서 없이 나올까요?

그도 아니면 무지개 색에 없는 전혀 다른 색으로 변할까요?

여기서 우리가 떠올려야 할 게 있습니다. 자연은 매우 단순하다는 것입니다. 겉보기에 자연 현상은 굉장히 복잡해 보입니다. 그렇지만 그 속에 담긴 원리는 의외로 간단하답니다.

예를 들어, 파도치는 현상은 무척이나 복잡다단해 보이지요. 하지만 파도는 간단한 파동이 합쳐져서 만들어진 것이랍니다. 아무리 복잡한 파동이라도 절대로 예외일 수는 없습니다.

상대성 이론을 끝마친 아인슈타인(Albert Einstein, 1879~1955)이 미련을 버리지 못하고 죽는 그날까지 혼신의 힘을 다

자연은 단순하다는 사실을 잊지 마세요!

해서 공들인 연구가 있답니다. 그것은 자연 현상을 하나의 힘으로 통합해서 설명해 내려는 작업이었답니다. 우리는 그것을 가리켜서 통일장 이론이라고 부릅니다.

안타깝게도 아인슈타인이 그 연구를 끝마치지는 못했지만, 후대의 물리학자들이 그 정신을 훌륭히 이어받아서 자연 현상을 하나로 묶어 내려는 시도를 끊임없이 전개해 나가고 있습니다.

사고 실험을 계속하겠습니다.

단순하게 생각해요.

복잡하게 생각하면 끝도 없이 복잡한 게 자연 현상이거든요.

자연 현상에 복잡하게 다가갈수록 올바른 답과는 자꾸만 멀어지게 됩니다.

자연 현상의 신비는 단순함에서 그 답을 찾을 수 있다는 걸 꼭 기억하세요.

흩어진 걸 원래대로 복구하려면 어떻게 해야 하죠?

그래요, 모으면 돼요.

분산된 색도 이와 다르지 않아요.

7가지의 무지개 색으로 나누어진 색들을 프리즘에 다시 넣는다는 건 흩어진 걸 다시 모은다는 뜻이에요.

내가 몬 다 이룬 통일장의 꿈을 반드니 이루어 주니오!

무지개 색으로 분산되기 전의 색은 어땠지요?

맞아요, 백색광이었어요.

백색광은 모든 빛의 색이 합쳐져서 하얗게 보이는 거예요.

아리스토텔레스의 말을 빌리자면 순수한 흰색인 거예요.

그러니 프리즘을 통과한 빨강, 주황, 노랑, 초록, 파랑, 남색, 보라의

뭉치 색은 원래의 순수한 흰색 하나로 돌아갈 거예요.

그렇습니다. 사고 실험대로입니다. 빨강, 주황, 노랑, 초록, 파랑, 남색, 보라의 7가지 무지개 색은 프리즘을 통과하면 다시 순수한 흰색이 되어 버립니다.

빛을 흩뜨려 놓기도 하고 다시 모으기도 하는 프리즘은 그래서 요술쟁이인 것입니다.

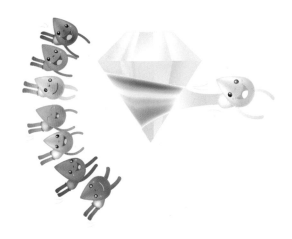

세 번째 실험 결과

7가지의 무지개 색으로 분산된 빛을 다시 모아서 프리즘에 통과시

키면 원래의 순수한 흰색이 된다.

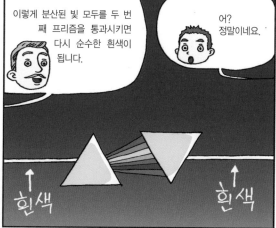

4

파동론을 주장한 영

뉴턴은 입자론을 전개하였습니다.
이에 반하여 파동론을 주장한 물리학자 영에 대해 알아봅시다.

4

네 번째 수업

파동론을 주장한 영

마이컬슨이 지난 시간에
배운 내용을 복습하며
네 번째 수업을 시작했다.

빛의 본성에 대한 제2막

아리스토텔레스의 말과 달리 빛의 본성은 순수한 흰색이
아니었습니다. 프리즘을 통과한 빛은 빨강, 주황, 노랑, 초록,
파랑, 남색, 보라의 무지개 색을 만들어 내니까요.

이렇게 해서 빛의 본성에 대한 제1막이 막을 내렸습니다.
그렇지만 빛의 본성에 대한 탐구는 아직 남아 있었습니다.
빛의 본성에 대한 제2막을 시작하겠습니다.

빛은 입자일까, 파동일까?

빛의 본성을 입자라고 보는 이론을 빛의 입자론, 빛의 본성을 파동이라고 보는 이론을 빛의 파동론이라고 합니다.

영, 정신적 뭇매를 맞다

뉴턴은 빛이 알갱이와 같은 입자로 이루어져 있다고 생각했습니다. 빛의 입자론을 믿었던 것이지요.

뉴턴의 위상으로 보아 이를 거역하는 것은 있을 수 없는 일이었습니다. 뉴턴의 권위는 그의 생전보다 사후에 더욱 빛을 발했다고 해도 과언이 아니었거든요. 뉴턴의 추종자들은 빛의 입자론을 더욱 공고히 해 나갔습니다.

그러나 1727년 뉴턴이 이승을 떠나자, 그동안 웅크리고 있던 파동론 지지자들이 서서히 반격하기 시작했습니다.

"빛의 본성은 입자가 아니다!"

빛의 입자론에 반기를 들고 분연히 일어선 대표적인 학자는 영국의 물리학자 영(Thomas Young, 1773~1829)이었습니다.

영은 영국의 엄격한 가정에서 태어났습니다. 영은 그 누구도 부정하기 어려운 천재였습니다. 두 살 때 이미 글씨를 깨쳤고, 네 살 때에는 《성경》을 두 번이나 완독했으며, 14개 언

뉴턴 경의 **입자론**을 더욱
공고히 해 나가야 할 것입니다.

어를 구사할 줄 알았으니까요.

영은 친척의 영향을 받아서 의사의 길을 걸었습니다. 생리학을 깊이 연구했고, 특히 눈의 특성에 관한 연구가 주 과제였습니다. 그러면서 자연스레 빛에 대해서 깊이 있는 생각을 하게 되었던 것입니다.

1803년, 영국 런던의 왕립 협회. 실내는 많은 과학자들의 열기로 가득했습니다. 영은 연단을 향해서 조심스럽게 발걸음을 내디뎠습니다. 참석자들의 시선이 온통 영의 발걸음 하나하나에 집중되었습니다. 영이 연단에 오르자 웅성거리는 소리가 여기저기서 간간이 들렸습니다.

영은 헛기침을 두어 번 내뱉고는 좌중을 한번 휘익 둘러보았습니다. 그러자 이내 소곤거리는 소리가 잦아들었습니다.

그러나 이번에는 자신을 향해서 싸늘히 날아오는 따가운 시선들이 거북스럽게 느껴졌습니다. 하지만 영은 꼿꼿한 자세를 그대로 유지하면서 다시 한번 마음을 강하게 다잡았습니다.

'용기, 용기! 그래, 용기를 내어야 해. 지레 겁부터 집어먹을 필요는 없는 거라고.'

영은 참석자들의 차가운 시선을 애써 회피했습니다. 그러고는 바짝 긴장한 음성으로 말문을 열었습니다.

"저는 빛의 본성을 입자라고 보는 건 무리가 있다고 생각합니다."

그 말이 떨어지기만을 기다렸다는 듯, 갑자기 실내가 술렁거렸습니다. 이미 예견된 상황이었습니다.

영은 차분하게 말을 이었습니다.

"빛의 본성은 입자보다 파동에 가깝다고 보는 편이 합당합니다."

순간 웅성거리던 실내가 시장터를 방불케 할 만큼 소란스러워졌습니다. 영을 비방하는 현란한 단어가 여기저기서 마구 튀어 나왔습니다.

"어디서 뭐 하는 놈이야!"

"건방진 놈 같으니라고!"

"썩 물러가라, 이 돼먹지 못한 놈아!"

"주제도 모르는 놈이, 감히 뉴턴 경의 권위를 훼손하는 말을 학설이라고 함부로 내뱉는 거냐!"

그날 영은 그렇게 회복하기 어려운 정신적인 뭇매를 맞았던 것입니다.

영, 빛의 연구에서 손 떼다

영이 받은 정신적인 뭇매는 학회에서 받은 충격 정도로 그치지 않았습니다. 영국 중산층을 대변하는 대표적 유력 잡지인 〈에든버러 리뷰〉의 한 논설위원이 다음과 같은 사설을 실었습니다.

"영이라는 학자가 주장한 이론을 살펴보았는데, 그 근거란 게 너무도 빈약하기 이를 데 없었습니다. 대꾸할 가치조차 없는, 완전히 무시해도 좋을 내용이었습니다.

지적 날카로움이나 천재적인 비범함은 고사하고, 그의 논문 어디에서도 배울 만한 내용이나 가치를 전혀 찾아볼 수가 없었습니다. 물론 탄탄한 사고력과 한쪽으로 치우치지 않는 냉정함, 꾸준히 파고드는 탐구력 또한 조금도 엿볼 수가 없었습니다. 그뿐이 아닙니다. 자연에 깃들어 있는 신성한 비밀을 겸허하게 이끌어 내고 지속적으로 관찰해 보려는 노력의 흔적도 드러나지 않았습니다.

그럼에도 만에 하나 우리가 빠뜨린 것이 있지 않을까 싶어서, 우리는 어떠한 편견도 갖지 않은 채 그의 논문을 꼼꼼히 다시 검토해 보았습니다. 그러면서 또 한번 이만저만 실망한 것이 아니었습니다. 그보다 재능이 월등히 뒤처지는 사람도 그만한 시간과 공을 들였더라면 더욱 훌륭한 성과를 거두었을 거라는 매우 착잡한 결론을 얻게 되었으니까요. 참으로 씁쓸한 기분이었습니다.

영이라는 학자가 연구 주제나 방식을 현저하게 바꾸지 않는 한, 우리는 그를 조금도 존경하지 않을 것입니다. 아니, 이제는 그가 섣부른 이론을 진실인 양 호도하며 전파하는 부당

뉴턴 지지자들 쪽으로는
고개도 돌리지 않을 거다!

한 행위를 막기 위해서라도 그에 대한 불만을 적극적으로 토로해야 한다고 생각합니다. 이치에 맞지도 않은 이론을 들고 나와서 사람들을 혼란스럽게 했으니까요.

지금부터는 겸손한 비판보다 적극적인 항의가 필요하다고 주장하는 바입니다."

군사적인 면이야 그렇다 치더라도, 학문적인 영역에서도 거대한 아성에 도전한다는 것이 얼마나 버거운 일인가를 영의 사례는 또렷하게 보여 주고 있습니다

영은 이에 반박하는 글을 썼습니다.

"인간의 존엄성에 적절한 관심을 기울이는 사람이라면, 상

대를 배려하는 마음이 당연히 조금이라도 있어야 한다고 봅니다. 심지어 그것이 터무니없는 억지 주장이라고 해도 말입니다. 더군다나 진실을 거짓으로 호도하고, 악의에 찬 비열한 공격을 마구 퍼부어 대고, 있는 대로 감정을 고조시켜 가며 상대를 깔아뭉개려는 건 정말 유감스러운 행동이 아닐 수 없습니다.

정의와 진실의 가면을 뒤집어쓴 채 가장 추잡한 허위 진술을 늘어놓는 예가 역사적으로도 드물지 않게 있어 왔습니다. 특히 그 상황이 일반인이 다가서기 어려운 영역일 때 더욱 빈번하게 일어났습니다.

공격 대상을 멋대로 조작하고, 진실을 오류로 둔갑시켜서 그의 주변인조차 오해의 혼돈에서 빠져나오지 못하게 하는 이러한 작태는 나같이 힘없는 과학자를 무력하게 만들고 끝내 매장시키는 흔한 방법이지요."

영의 대응 논조는 강경했습니다. 그러나 이러한 글을 실어 주는 곳은 거의 없었습니다.

뉴턴 지지자들과의 논쟁에서 받은 충격이 얼마나 컸던지, 영은 그 이후로 빛의 연구에서 미련 없이 손을 떼었습니다. 그리고 환자를 돌보는 의사로서 이따금 고고학을 연구하며 여생을 보냈다고 합니다.

선생님, 빛은 입자로 되어 있나요?

빛에 관련한 아리스토텔레스와 뉴턴의 논쟁이 끝난 후, 두 번째 논쟁이 바로 입자 관련 논쟁이랍니다.

정확하게 어떤 논쟁이었나요?

빛의 본성이 입자라고 생각한 사람들과 파동이라고 생각한 사람들 간의 논쟁이었습니다.

입자설과 파동설을 주장하신 대표적인 과학자는 누구인가요?

뉴턴은 빛이 알갱이와 같은 입자라고 생각했습니다. 그래서 빛의 입자론을 믿었습니다.

빛은 입자로 이루어져 있어...

뉴턴

그럼 파동설은 어떤 과학자가 주장했나요?

빛의 입자론에 반기를 들고 분연히 일어선 대표적인 학자는 영국의 물리학자 영이었습니다.

빛은 파동에 가깝다고 보는 것이 타당하지!

영은 의사로 주로 눈의 특성에 관한 연구를 했습니다. 그러면서 자연스레 빛에 대해서 깊이 있는 생각을 하게 되었던 것입니다.

영의 주장은 사람들에게 받아들여졌나요?

아닙니다. 영의 주장은 많은 뉴턴 지지자들로부터 거센 비난을 받았고, 이후 영은 빛에 대한 연구를 하지 않았답니다.

얼마나 힘들었으면 연구를 포기했을까요?

주제도 모르는 것이 까불고 있어.

입자론과 파동론

영은 충분한 실험을 통해서 파동론을 주장하였습니다.
검증을 통해 입자론과 파동론을 알아봅시다.

5

다섯 번째 수업
입자론과 파동론

마이컬슨이 빛의 여러 가지
성질을 이야기하며
다섯 번째 수업을 시작했다.

빛의 여러 가지 특성

영이 빛의 파동론을 근거 없이 섣불리 외친 것은 물론 아니
었습니다. 그 나름대로 충분한 증거를 확보한 후에 주장을
내세운 것이었습니다.

빛은 여러 가지 특성을 지니고 있습니다. 특정 파장의 여러
가지 색으로 이루어져 있는 것도 빛의 특성 가운데 하나이지
요. 이외에도 직진, 반사, 굴절, 투과, 회절, 간섭 같은 성질이
있습니다.

빛은 직진, 반사, 굴절, 투과, 회절, 간섭 같은 성질을 갖고 있지요.

빛의 입자론과 파동론이 그르지 않은 완벽한 이론이라면, 이러한 빛의 특성을 적절하고 완벽하게 설명해 낼 수 있어야 합니다. 그래야 누가 보더라도 빛의 특성을 대표할 수 있는 원리라고 당당히 말할 수 있을 테니까요.

다시 말해서, 빛의 이러한 특성 하나하나를 적용해 보아서 매끄러운 답을 내놓지 못할 경우, 빛의 특성을 대표할 만한 원리라고 말하기가 어려워지는 것입니다.

빛의 입자론은 빛이 자그마한 알갱이와 같은 입자로 이루어져 움직인다고 보는 이론입니다. 그리고 빛이 물결과 같은 파동처럼 움직인다고 보는 이론입니다.

자, 그러면 과연 어느 쪽 주장이 맞는지 하나하나 검증 단계를 거치면서 알아보겠습니다.

빛의 직진 특성 검증

우선, 빛이 직진하는 특성부터 검증해 보겠습니다.

빛이 직진한다는 건 앞으로 곧게 나아간다는 뜻입니다. 햇빛이 지구까지 오는 데 흔들리지 않고 곧게 오는 것이 바로 빛이 직진한다는 뚜렷한 증거입니다.

알갱이가 앞으로 곧장 나아가는 건 쉬운 일입니다. 그리고 물결도 앞으로 나아가는 데 그다지 문제가 되지 않습니다. 옆으로 흔들리면서 휘는 경향이 있긴 하지만 말입니다.

알갱이 입자와 물결 파동이 곧게 나아가는 데 별 문제가 없으니, 빛의 입자론과 파동론은 1차 관문을 통과한 셈입니다.

빛의 반사 특성 검증

이번에는 빛이 반사하는 특성을 검증해 보겠습니다.

반사란 부딪쳐서 튕겨 나오는 현상입니다. 거울에 부딪친 빛이 튕겨 나오는 것이 반사의 좋은 예입니다.

알갱이는 벽에 부딪치면 튕겨 나옵니다. 공이 벽에 튕기는 걸 상상해 보세요. 마찬가지로 물결도 벽에 부딪치면 튕겨 나옵니다. 물결이 수영장 벽에 부딪치는 걸 상상해 보세요.

빛의 입자론과 파동론 모두 반사 특성 검증도 별 어려움 없이 통과한 셈입니다.

빛의 굴절 특성 검증

다음은 빛이 굴절하는 특성을 알아보겠습니다.

굴절이란 부딪쳐서 꺾이는 현상입니다. 렌즈는 빛을 굴절
시킵니다. 망원경으로 사물을 볼 수 있는 것도 바로 빛이 굴
절하기 때문이지요.

알갱이가 다른 알갱이와 서로 충돌하거나 비탈면과 충돌하
면 꺾여서 나아가게 됩니다. 당구공이 충돌하는 그림을 생각
해 보세요. 그리고 물결도 기울어진 벽을 만나면 꺾이며 나
아갑니다. 굽어진 강을 흐르는 물을 생각해 보세요.

빛의 입자론과 파동론은 굴절 특성 검증도 어려움 없이 통
과한 셈입니다.

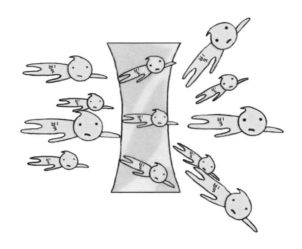

빛의 투과 특성 검증

다음은 빛이 투과하는 특성을 살펴보겠습니다.

투과란 그대로 뚫고 지나가는 현상입니다. 선글라스는 빛의 일부를 반사하기도 하지만, 투과하기도 하지요.

우리가 물체를 볼 수 있는 건 빛이 있기 때문입니다. 그렇지만 빛이 안경을 투과해 들어온 뒤 모두 반사해 버리고 시신경에 닿지 않는다면 사물을 볼 수가 없답니다. 즉, 투과한 빛이 시신경에 닿기 때문에 물체를 볼 수 있는 것입니다.

알갱이는 공기 사이를 쉽게 뚫고 나아갑니다. 그리고 파동도 공기 사이를 무리 없이 뚫고 지나가지요. 빛의 입자론과 파동론 모두 투과 특성 검증도 별다른 문제없이 통과한 것입니다.

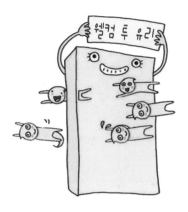

빛의 회절 특성 검증

다음은 빛이 회절하는 특성을 검증해 보겠습니다.

회절은 빛이 휘는 거라고 보면 됩니다. 다만 반사나 굴절과 다른 점이 있다면, 장애물과 직접 충돌해서 휘는 게 아니라 장애물을 타고 넘어가거나 옆으로 퍼진다는 것입니다.

담 밖의 소리를 담 너머 밑에서도 들을 수 있는 것은 소리가 담을 타고 넘어서 밑으로 내려오는 회절 현상 때문입니다.

파동은 쉽게 옆으로 퍼지거나 아래로 휘어지면서 아래로 내려갈 수가 있습니다. 반면, 입자는 그런 행동이 쉽지가 않지요. 확률적으로 적긴 해도, 전혀 불가능하다고 보기는 어렵습니다. 가능성이 아주 없다고 단언하기 어려운 게 사실이니까요. 억지로 꿰어 맞추듯이 갖다 붙이면 안 될 것도 없으니까요. 그러니까 입자와 회절이 아주 상극이라고 말할 수만은

없다는 것입니다.

　그렇습니다. 여기에선 빛의 파동론이 상당히 유리한 처지이긴 해도, 그렇다고 해서 입자론을 완전히 내동댕이칠 만큼은 아니라는 것입니다.

　파동론의 절대적인 우세 속에 회절 특성 검증도 그럭저럭 통과한 셈입니다.

빛의 간섭 특성 검증

이제 빛의 간섭 특성에 대한 검증만 남았습니다. 빛의 간섭 현상은 영이 빛의 본성은 파동이 확실하다며 내놓은 증거였습니다.

간섭은 둘 이상의 파동이 모여서 어느 부분에서는 강해지고, 또 어느 부분에서는 약해지는 현상입니다. 파동이 강해지고 약해지는 것은 서로 겹치는 위치가 어떠하냐에 따라서 달라집니다. 즉, 파동의 마루와 골이 어떻게 엮이느냐에 따라서 파동이 커지고 작아지는 효과가 나타나는 것입니다.

예를 들어 파동의 마루와 마루, 골과 골이 겹치면 파동의 크기는 더해져서 한껏 높아지지요. 이것을 보강 간섭이라고 합니다. 그리고 마루와 골이 겹치면 크기가 감소하여 오히려

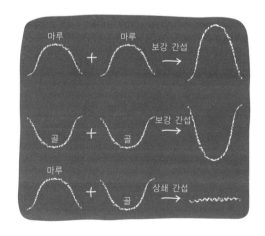

낮아지지요. 이것을 상쇄 간섭이라고 합니다.

자, 그러면 영이 얻은 결과를 알아보겠습니다.

사고 실험을 하겠습니다.

3개의 칸막이를 세워요.

앞에 세운 칸막이 중앙에 작은 구멍을 뚫어요.

뒤에 세운 칸막이에는 좌우 양쪽으로 작은 구멍을 뚫어요.

그리고 그 뒤에 구멍을 뚫지 않은 마지막 칸막이를 세워요.

앞의 칸막이로 빛을 들여보내요.

그러면 앞의 칸막이를 통과한 빛이 퍼지면서 뒤의 칸막이를 향해 나

아가요.

그러면서 빛의 일부가 뒤의 칸막이에 난 양쪽 구멍으로 들어가요.

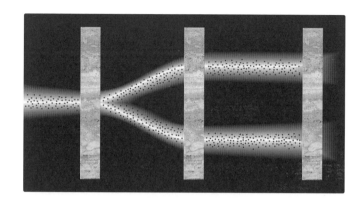

칸막이를 나온 빛이 세 번째 칸막이에 부딪혀요.

빛이 부딪쳤으니, 세 번째 칸막이에는 밝음과 어두움이 나타날 거예요.

빛이 입자라면, 두 번째 칸막이의 구멍을 통과하여 세 번째 칸막이 좌우 양쪽 부분은 밝을 거예요.

그리고 그 중간은 어두울 거예요.

빛이 닿지 않을 테니까요.

그러나 빛이 파동이라면 어떻게 될까요?

두 번째 칸막이의 왼쪽으로 들어간 빛과 오른쪽으로 들어간 빛이 세 번째 칸막이에 도달하기 전에 중간에서 서로 마구 엉길 거예요.

간섭이 일어날 거란 말이에요.

간섭이 일어나면 어떻게 되죠?

그래요, 마루와 마루, 골과 골이 겹치면 파동이 커지고, 마루와 골이

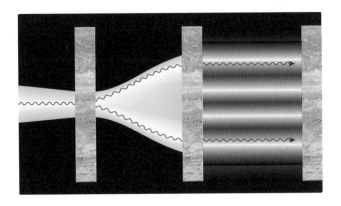

겹치면 파동이 작아져요.

두 번째 칸막이와 세 번째 칸막이 사이에서 빛이 물결처럼 합쳐질 테니

마루와 마루, 골과 골, 마루와 골이 다양하게 겹쳐서 나타날 거예요.

파동이 약해지고 강해지는 현상이 골고루 나타날 거란 말이에요.

파동이 약해지면 어두워지고, 강해지면 밝을 거예요.

그래요, 세 번째 칸막이에 밝고 어두운 부분이 많이 나타날 거란 말

이에요.

그렇습니다. 빛이 입자라면, 세 번째 칸막이에는 밝은 부

분-어두운 부분-밝은 부분이 나타날 것입니다. 하지만 빛이

파동이라면, 그 중간중간에 밝은 부분과 어두운 부분이 순서

없이 여럿 나타날 것입니다.

그런데 영이 실험한 결과는 어떠했을까요?

밝은 부분과 어두운 부분이 연이어서 무수히 나타났던 것입니다. 이렇게 생긴 무늬를 간섭무늬라고 하지요. 이것이 바로 영이 빛의 파동론을 강력히 주장한 이유입니다.

선생님, 영이 파동론을 주장한 이유가 무엇인가요?

빛의 간섭 현상 때문이랍니다.

간섭 현상이요?

간섭은 둘 이상의 파동이 모여서 어느 부분에서는 강해지고, 또 어느 부분에서는 약해지는 현상입니다.

파동의 마루와 골이 어떻게 엮이느냐에 따라서 파동이 커지고 작아지는 효과가 나타나는 것입니다. 이것을 상쇄 간섭이라고 합니다.

그것은 어떻게 증명하나요?

마루 골 상쇄 간섭

구멍 뚫린 세 개의 판자를 세워 놓고 앞에서 빛을 비추면 앞의 칸막이를 통과한 빛이 퍼지면서 뒤의 칸막이를 향해 나아가요.

만약 빛이 파동이라면 두 번째 칸막이의 왼쪽으로 들어간 빛과 오른쪽으로 들어간 빛이 세 번째 칸막이에 도달하기 전에 중간에서 서로 마구 엉킬 거예요.

결과는 어떻게 됐나요?

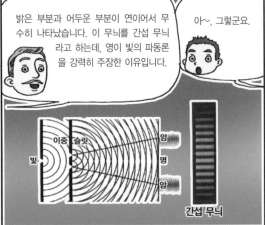

밝은 부분과 어두운 부분이 연이어서 무수히 나타났습니다. 이 무늬를 간섭 무늬라고 하는데, 영이 빛의 파동론을 강력히 주장한 이유입니다.

아~, 그렇군요.

이중 슬릿

빛

암

명

암

간섭 무늬

파동론의 우세

프레넬과 맥스웰은 파동론을 지지했습니다.
파동론이 입자론보다 우위에 서게 된 배경에 대해 알아봅시다.

6

마이컬슨이 지난 시간에 이어
입자론과 파동론에 대한 이야기로
여섯 번째 수업을 시작했다.

프레넬과 파동론

영이 파동론을 강력히 지지하는 뚜렷한 증거를 제시했는데
도 입자론을 주장하는 학자들은 파동론을 받아들이지 않았
습니다.

솔직히 우리가 앞에서 빛의 특성을 조목조목 검증하면서
살펴본 바와 같이 파동론과 입자론 모두 어느 한쪽을 일방적
으로 몰아붙일 만한 완벽한 근거를 대기에는 역부족이었습
니다.

예를 들어, 직진성과 같은 빛의 성질을 설명하는 데에는 입자론이 다소 유리한 위치에 서지만, 회절이나 간섭 같은 특성을 이해하는 데에는 파동론이 더욱 적절했으니까요.

　이렇듯 입자론과 파동론, 그 어떤 이론으로도 빛의 본성을 완벽하게 설명해 내기는 어려웠던 것입니다. 그런데도 양측 지지자들은 상대를 비방하며 자신들의 이론만을 더욱 부각시키려고 고집을 부렸습니다.

　"빛은 입자로 이루어져 있다!"

　"빛은 파동으로 구성되어 있다!"

　입자론과 파동론을 지지하는 양측의 다툼은 19세기 초까지 그대로 이어졌습니다. 그러나 영의 학설이 무참히 짓밟힌 사실에서도 역력히 드러나듯이, 아무리 그래도 대세는 여전히 입자론에 기울어 있었습니다. 영국에서도 그랬고, 프랑스에서도 그랬습니다.

　이때 프랑스의 프레넬(Augustin Jean Fresnel, 1788~1827)이라는 물리학자가 등장하였습니다.

　프랑스 과학 아카데미가 다음과 같은 공모를 하였습니다.

　'빛의 회절 현상을 명쾌히 설명해 줄 수 있는 이론을 찾습니다.'

프랑스 과학 아카데미가 이러한 공모를 한 목적은 입자론을 더욱 공고하게 하기 위함이었습니다. 회절 현상을 설명하기에는 다소 미흡한 기존의 입자론을 보완할 이론이 나와 주길 내심 기대했던 것이지요. 그러나 결과는 그들의 뜻과 정반대로 나타나고 말았습니다.

"프레넬이 대상을 수상했다는군."

"입자론이 더욱 공고해졌겠는걸?"

"그게 아니래."

"무슨 뚱딴지 같은 이야기야."

"프레넬이 회절 현상을 이론적으로 멋지게 설명해 내긴 했는데, 그게……."

"그게 뭐?"

프랑스 과학 아카데미

이젠 **입자론**이 더욱 공고해지겠지?

뭐라고? 입자론이 아니라, **파동론**으로 널명했다고?

"그게 입자론으로 설명한 게 아니라, 파동론으로 설명한 거라더군."

"뭐라고!"

그렇습니다. 프레넬은 입자론이 아닌, 파동론의 원리에 근거해서 빛의 회절 현상을 명쾌히 풀어낸 것이었습니다. 상황이 이렇게 되자 빛의 본성에 대한 지위는 일순 역전되며 파동론이 우뚝 올라서게 되었습니다.

실마리는 광속 1

파동론의 우위 선점도 잠시뿐이었습니다. 입자론 쪽에서

가만히 있을 리가 없었지요. 입자론 지지자들은 대책 회의를 열었고, 파동론이 해결하지 못할 것으로 보이는 문제들을 마구마구 내놓았습니다.

그들의 예상대로 파동론은 적잖은 타격을 입게 되었습니다. 그러자 입자론과 파동론의 지지자들은 서로 자신들의 이론이 우수하다며 티격태격 싸우는 예전의 형국으로 돌아가 버리고 말았습니다.

불안정한 양립 관계는 언젠가는 깨지게 마련인데, 입자론과 파동론의 관계에 실마리를 제공해 준 것은 광속 측정이었습니다.

갈릴레이에서 시작해 뢰머로 이어진 광속 측정에 다시 불을 댕긴 사람은 프랑스의 물리학자 피조(Armand Hippolyte

Louis Fizeau, 1819~1896년)였습니다. 피조는 뢰머(Olaus Roemer, 1644~1710)가 우주로 끌고 나간 광속 측정의 무대를 다시 지구로 가져왔습니다. 그러니까 피조는 지구에서 상당한 정확도를 가지고 광속을 측정해 낸 최초의 물리학자인 셈이지요.

1849년, 피조는 거울과 톱니바퀴를 이용하는 광속 측정 실험에 들어갔습니다.

그 원리를 사고 실험으로 알아보겠습니다.

2개의 거울을 멀찌감치 떨어뜨려 놓아요.

거울과 거울 사이에 톱니바퀴를 설치한 다음, 거울에 빛을 반사시켜요.

그래서 빛이 거울과 거울 사이를 왕복하도록 해요.

그런 다음 톱니바퀴를 돌리면 빛이 톱니바퀴에 걸리기도 하고,

그냥 통과하기도 해요.

빛이 톱니바퀴에 걸리면 거울에 닿을 수가 없어요.

광속 측정이 어려워지는 거예요.

그래서 톱니바퀴의 회전수를 잘 맞추어야 해요.

1초에 정확히 몇 번 회전하게 하는 식으로 해서 빛이 톱니바퀴 사이를 무사히 통과할 수 있도록 말이에요.

피조는 우주가 아닌 지구에서 광속을 측정해 낸 최초의 물리학자랍니다.

톱니바퀴의 회전 수는 시간이나 마찬가지예요.

속도는 거리를 시간으로 나누는 거예요.

거리와 시간을 알면 속도를 구할 수 있는 거지요.

빛이 이동한 거리는 거울 사이의 거리를 측정하면 돼요.

빛이 움직인 시간은 톱니바퀴의 회전수로 알 수 있어요.

이 두 데이터를 이용해서 광속을 측정하는 거예요.

이와 같은 원리를 적용해서 피조가 얻은 광속은 뢰머가 측정한 값보다 오차를 상당히 줄인 31만 5,000여 km였습니다. 광속의 실제 값 30만 km와는 불과 5% 남짓한 차이밖에 나지 않는 놀라운 측정값이었습니다.

갈릴레이와 뢰머의 광속 측정에 대한 자세한 내용은 《뢰머가 들려주는 광속 이야기》를 참고하도록 하세요.

실마리는 광속 2

프랑스의 물리학자 푸코(Jean Bermard Leon Foucault, 1819~1868년)는 피조가 광속 측정을 아주 정밀히 해내었다는 소식을 전해 듣고는 이것을 입자론과 파동론의 검증에 이용해 보았습니다.

입자론과 파동론이 주장하는 빛의 특성 대부분은 다섯 번째 수업에서 살펴본 바대로 엇비슷하답니다. 하지만 현저하게 다른 특징 하나가 있는데, 바로 광속이었습니다.

입자론과 파동론의 지지자들은 공기 중이 아닌 물속으로 빛이 들어가면 광속이 달라진다고 주장했습니다.

입자론은 이렇게 예측했습니다.

"물속에서 광속은 빨라진다."

반면, 파동론은 이렇게 예측했습니다.

"물속에서 광속은 느려진다."

입자론과 파동론의 검증은 실제로 어려운 게 아니었던 것입니다. 쓸데없이 빛의 이러저러한 특성을 검증하며 다툴 것 없이 광속 하나만 측정하면 되는 것이었습니다.

광속 측정을 정밀히 해낼 수 있는 방법을 찾지 못하는 것이

입자론자들은 물속에서 광속이 빨라지고,
파동론자들은 느려진다고 했지요.

문제였는데, 피조의 실험이 그 가능성을 열어 주었습니다.

피조의 광속 측정 실험이 있고 나서 1년 후인 1850년, 푸코가 또다시 광속 측정에 뛰어들었습니다.

푸코는 톱니바퀴 대신에 빠르게 회전하는 거울을 사용했습니다. 그는 물을 가득 채운 수조에 빠르게 회전하는 거울을 넣고는 피조가 한 것과 유사한 방법으로 광속을 측정했습니다. 그 결과 광속이 느려진다는 사실을 확인할 수 있었습니다. 파동론이 승리한 것이었습니다.

푸코의 결정적 실험으로 파동론이 절대적 우위에 서게 되었습니다.

맥스웰과 전자기파

푸코의 실험 이후 파동론이 대세와도 같았습니다. 결승점을 향해 거칠 것 없이 내달리는 우승자나 다름없었지요. 이 정도만으로도 입자론이 더는 비집고 들어갈 수 없는 어려운 형국이었습니다. 그런데 이에 더해 빛의 본성이 파동임을 더욱 확실하게 해 주는 발견이 이루어졌습니다.

1864년, 맥스웰(James Clerk Maxwell, 1831~1879년)은 고전 물리학을 종결짓는 발표를 했습니다.

전기(電氣)와 자기(磁氣)는 파동의 형태를 띠고 있다.
전자기파의 속도는 광속과 같다.

파동론 우네

이것은 결국 다음과 같은 것을 뜻합니다.

빛은 전자기파이고, 전자기파는 파동이다.

맥스웰은 빛의 본성이 파동이라는 사실을 명명백백히 입증해 보인 것입니다. 이것을 4개의 전자기 방정식을 풀어서 이끌어 내었습니다. 이것을 맥스웰의 전자기 방정식이라고 부르지요.

맥스웰의 전자기 방정식은 전자기학뿐만 아니라, 광학 현상까지 아우르는 탄탄한 이론적 기반을 확립해 주었습니다.

요즈음 자고 일어나면 시장에 쏟아져 나오는 최신 전자 제품들은 모두 다 맥스웰의 천재적인 업적에 근거를 둔 것입니

다. 즉, 맥스웰의 전자기 방정식이 없었다면 전자 제품은 등장하지 못했을 거란 말이지요.

맥스웰은 이렇게 파동론의 대미를 장식했고, 파동론은 무너지지 않을 것 같은 확고부동한 이론으로 우뚝 서게 되었습니다.

선생님, 파동론과 입자론은 중에 어느 것이 더 우세한가요?

사실 파동론과 입자론 모두 어느 한 쪽을 몰아붙일 만한 완벽한 근거를 대기에는 역부족이었습니다.

빛의 성질을 설명하는 데는 입자론이, 회절이나 간섭 같은 특성을 이해하는 데는 파동론이 적절했기 때문이죠.

그럼 결국 무승부인가요?

무승부까지는 아니랍니다. 프랑스 과학 아카데미가 빛의 회절 현상을 명쾌히 설명해 줄 수 있는 이론을 찾는 공모를 냈습니다.

-공모

프랑스 과학 아카데미

그럼 파동론을 인정한 것인가요?

아닙니다. 회절 현상을 설명하기에는 다소 미흡한 기존의 입자론을 보완할 이론이 나와 주길 내심 기대했던 것이지요.

결과는 어떻게 됐나요?

프레넬이라는 사람이 빛의 회절 현상을 설명했는데, 입자론이 아닌 파동론의 원리에 근거해서 명쾌히 풀어냈습니다.

파동론 우세

프레넬

그럼 결국 파동론이 우세한 것이네요.

네. 그 후에도 여러 과학자들이 파동론을 주장하였고, 맥스웰이라는 과학자가 대미를 장식하며 파동론이 확고부동한 이론이 되었지요.

파동론   맥스웰   입자론

7

빛의 매질, 에테르

에테르는 빛을 전달해 주는 물질입니다.
에테르가 탄생하게 된 배경과 특성에 대해 알아봅시다.

빛의 매질, 에테르

마이컬슨이 파동론에서 풀어야 할
숙제인 매질에 대한 이야기로
일곱 번째 수업을 시작했다.

에테르

빛의 본성에 대한 논쟁은 결국 맥스웰이 전자기 방정식을
유도해 내면서 마무리되는 것 같았습니다.

그러나 거기에도 문제는 있었습니다. 빛의 본성이 파동으로
결정지어지면서 매질이 새로이 풀어야 할 숙제로 떠오른 것입
니다.

파동은 예외 없이 매질을 필요로 합니다. 매질이란 파동이
나아가는 데 도움을 주는 물질입니다. 그러니까 매질이 없으

파동

면 파동의 존재 역시 아무런 의미가 없어지는 것입니다.

우리가 건넨 말이 상대에게 똑똑히 전해질 수 있는 건 공기라고 하는 매질이 중간에서 소리를 전달해 주기 때문입니다. 마찬가지로 물속에서 내지른 소리가 상대에게 전달될 수 있는 것도 물 입자가 매질 구실을 충실히 해 주기 때문입니다.

그렇다면 여기서 이런 의문을 품어 볼 수가 있습니다.

매질이 없으면 소리는 전달이 안 될까요?

맞습니다. 매질이 없으면 아무리 큰 소리라도 절대로 전달이 안 된답니다.

예를 들어 보겠습니다.

달에는 공기가 희박하답니다. 우주 공간도 공기가 희박하기는 마찬가지예요. 공기가 없으니 그곳에선 소리가 전달되

이게 다 물이라는 **매질** 때문에 가능한 거지요.

지 못합니다. 그렇기 때문에 달이나 우주 공간에서 아무리 큰 폭발 사고가 나더라도 그 소리가 지구에 있는 우리의 귀에까지 전해질 수 없는 것입니다.

공상 과학 영화를 보다가 우주 공간에서 '펑' 하는 소리가 들리는 장면이 나온다면 그건 과학적으로 틀린 것입니다. 그런 오류를 발견하면 이제부터 여러분이 바로잡아 주도록 하세요.

파동과 매질의 관계에서 우리는 다음의 결론을 유도할 수가 있습니다.

빛이 파동이라면, 당연히 빛의 매질이 있어야 한다.

그렇다면 이제 관심은 빛의 매질의 기능을 해 주는 것이 무엇이냐에 집중될 수밖에 없는데요, 여기서 등장한 것이 에테르(ether)입니다.

에테르는 빛을 전파해 주는 물질이다.

빛을 전파해 주는 매질을 에테르라고 합니다.

에테르의 기원

에테르의 기원은 고대 그리스의 아리스토텔레스까지 거슬러 올라갑니다.

'하늘에 떠 있는 천체는 왜 아래로 떨어지지 않는 걸까?'

고대인들에게 이것은 참으로 신기한 현상이 아닐 수 없었습니다. 단단히 묶어 놓거나 붙잡아 놓고 있지 않는 이상, 위에 있는 건 아래로 떨어져야 하는 게 자연의 자연스러운 이치이지요.

그런데 아무리 고개를 쳐들고 오랜 시간 관측을 해 보아도 위치만 바뀔 뿐, 천체가 아래로 떨어지는 일은 없습니다. 그래서 아리스토텔레스는 고민 끝에 이런 답을 내놓기에 이르렀습니다.

지구 밖은 에테르로 가득 채워져 있다.

저 달은 왜 안 떨어지는 건이여?

아리스토텔레스는 에테르가 다음과 같은 특성을 가져야 한
다고 생각했습니다.

지구 밖이 에테르로 가득 차 있는데도 천체가 또렷하게 보이는 건
에테르가 투명하기 때문이다.
에테르 속에 있는 천체가 아래로 떨어지지 않는 걸로 봐서 에테르는
딱딱한 고체여야 한다.

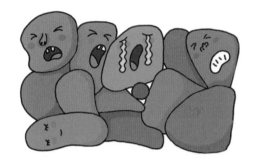

빛의 본성에 대한 논쟁은 결국 맥스웰이 전자기 방정식을 유도해 내면서 마무리된 건가요?

거기에도 문제는 있어요. 빛의 본성이 파동으로 결론 나면서 매질이 새로이 풀어야 할 숙제로 떠오른 것이죠.

매질이요?

매질은 파동이 나아가는 데 도움을 주는 물질이에요. 우리의 말이 상대에게 전해질 수 있는 건 공기라는 매질이 중간에서 소리를 전달해 주기 때문이지요.

영… 희… 야…

빛이 파동이라면 당연히 빛의 매질이 있어야 하지요. 그렇다면 빛의 매질이 무엇인지 궁금해질 수밖에 없는데, 여기서 등장한 것이 에테르요.

에테르라는 말은 어떻게 해서 생긴 건가요?

에테르, 에테르, 에테르, 에테르, 에테르, 에테

고대 그리스 인은 하늘에 떠 있는 천체가 떨어지지 않는 현상을 무척 신기해했어요.

하늘에 떠 있는 천체는 왜 아래로 떨어지지 않는 걸까?

아리스토텔레스는 에테르라는 물질이 지구 밖에 가득 차 있기 때문이라고 생각했지요.

그래! 지구 밖은 에테르로 가득 채워져 있어.

지구 밖이 에테르로 가득 차 있는데도 천체가 보이는 건 에테르가 투명하기 때문이야. 또 에테르 속 천체가 아래로 떨어지지 않는 걸로 봐서 에테르는 딱딱한 고체여야 해!

에테르, 에테르, 에테르, 에테르, 에테르, 에테르, 에테

8

에테르의 성질

에테르는 상식적으론 이해하기 힘든 성질을 가지고 있습니다.
에테르의 3가지 이상한 성질에 대해 알아봅시다.

여덟 번째 수업

에테르의 성질

마이컬슨이 에테르의
특성에 대한 주제로
여덟 번째 수업을 시작했다.

에테르의 첫 번째 이상한 성질

빛의 본성을 파동이라고 본 이상, 그리고 맥스웰의 파동 방
정식을 인정하는 한, 에테르는 어떻게든 받아들여야 하는 것
이었습니다. 그렇다고 해서 합리적 검증 없이 무작정 에테르
를 받아들여서는 안 될 것입니다. 우선 에테르의 존재 여부
를 확실히 밝힐 필요가 있지요.

에테르의 확인은 만만한 작업이 아니었습니다. 아리스토텔
레스는 에테르가 다음과 같은 특성을 갖는다고 했습니다.

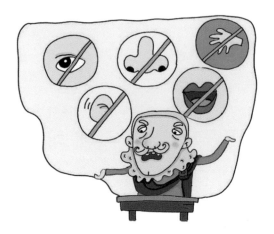

에테르는 보이지도 않고, 들을 수도 없으며, 냄새를 맡을 수도 없고, 맛을 볼 수도 없으며, 만져지지도 않는다.

이런 특성을 갖고 있는 에테르를 찾아내야 한다고 생각해 보세요. 얼마나 힘이 들지 쉽게 상상이 될 것입니다.

그래도 이 정도는 나은 편입니다. 진짜로 납득하기 어려운 기이한 성질은 나아가는 속도입니다.

여기서 우선 소리를 생각해 보겠습니다.

소리는 파동입니다. 그러니 파동처럼 움직여야 할 것입니다. 소리의 속도는 공기 중에서 초속 340m입니다. 1초에 340m를 내달린다는 뜻입니다. 세상에서 가장 빠른 육상 선수와 비교해 보세요. 상당히 빠른 속도입니다.

그러나 소리가 이보다 더 빨리 달릴 수 있는 방법이 있답니다. 그것은 소리가 물속으로 들어가는 것입니다. 물속에서는 공기에서보다 약 4배나 빠른 속도로 내달릴 수가 있거든요. 즉, 물속에서 소리의 속도는 초속 1,480m가 된답니다.

공기 중에서 소리의 속도 : 초속 340m

물속에서 소리의 속도　　: 초속 1,480m

자, 그럼 이것을 토대로 해서 사고 실험을 하겠습니다.

물은 공기보다 조밀해요.

소리는 공기보다 물에서 더 빨라요.

이것은 조밀할수록 소리가 더 빨리 움직인다는 뜻이에요.

소리는 파동이에요.

이것은 파동이 조밀한 곳에서 더 빨리 움직인다는 것을 의미해요.

물이 가장 조밀한 물질일까요?

아니에요, 그렇지 않아요.

물은 액체예요.

액체보다 더 조밀한 물질은 고체예요.

그렇다면 소리는 고체에서 더 빨리 움직일 거예요.

그렇습니다. 소리는 쇠나 돌에서 더욱 빨리 움직인답니다.
그것들을 지날 때 소리는 초속 6,000m 정도로 움직입니다.
사고 실험을 이어 가겠습니다.

빛은 파동이에요.

빛은 초속 30만 km로 달려요.

소리와는 비교도 안 되는 어마어마한 빠르기예요.

파동인 소리가 고체 속을 움직일 때의 속도가 얼마쯤이라고 했죠?

그래요, 초속 6,000m 정도라고 했어요.

초속 30만 km와 초속 6,000m는 비교도 안 될 정도예요.

그렇다면 빛은 쇠나 돌 같은 고체보다도 더욱 단단한 물질 속을 달
린다고 보아야 할 거예요.

빛은 엄청 빠르니 쇠나 돌보다 더
단단한 물질 속을 달릴 것입니다.

빛은 소리보다 엄청나게 빨리 달리니까요.

빛은 에테르 속을 달린다고 했어요.

이건 에테르가 고체보다 더욱 조밀해야 한다는 말과 같아요.

그러니까 쇠나 돌과는 비교도 안 될 만큼 단단하고 안이 꽉꽉 들어

찬 물질이 바로 에테르란 말이에요.

그렇습니다. 빛의 본성을 파동으로 보고 그 매질을 에테르

로 간주하는 이상, 에테르는 쇠나 돌보다 더욱 단단하고 무거

워야 한다는 논리가 성립하는 것입니다. 믿기 힘든 이야기이

지만요. 이것이 에테르의 첫 번째 이상한 성질입니다.

에테르의 첫 번째 이상한 성질 : 에테르는 쇠나 돌보다 더 단단하고

무거워야 한다.

에테르의 두 번째 이상한 성질

에테르의 기이한 또 하나의 성질은 무엇일까요?
사고 실험으로 알아보겠습니다.

빛은 우주 공간을 쉼 없이 내달려요.
빛은 에테르라는 매질의 도움을 받아서 움직이고 있어요.
그렇다면 우주는 쇠나 돌보다 더 딱딱한 물질로 가득 차 있어야 할 거
예요.
우주는 에테르로 충만해 있으니까요.

우주 공간이 쇠나 돌보다 더 딱딱한 물질로 가득 차 있다
니, 이 또한 믿어지지 않는 결론입니다.

우주는 쇠보다 더욱 딱딱한 물질로 가득
차 있어야 한다는 말인데요?

이렇게 해서 빛을 전파해 주는 에테르의 이상한 성질 하나가 더 유도되었습니다.

에테르의 두 번째 이상한 성질 : 우주는 쇠보다 더 단단한 물질로 가득 채워져 있다.

에테르의 세 번째 이상한 성질

상식적인 판단으로 도저히 납득이 가지 않는 에테르의 이상한 성질은 여기에서 끝나지 않습니다.
사고 실험을 하겠습니다.

지구는 제자리에 가만히 정지해 있지 않아요.
하루에 한 번씩 자전하고, 일 년에 한 바퀴씩 공전하니까요.
자전하고 공전한다는 건 우주 공간 속을 이동한다는 거예요.
지구가 우주 속을 움직이면 에테르와 부딪치지 않을 수가 없어요.
에테르는 우주에 빈틈없이 빽빽하게 들어 있으니까요.
그런데 에테르는 쇠보다도 더욱 딱딱하다고 했어요.
이건 지구가 쇠보다 더 강한 에테르와 부딪친다는 뜻이에요.

지구가 이렇게 우주 속을 공전하면 에테르와 부딪칠 겁니다.

지구가 그러고도 멀쩡할 수가 있을까요?

지구의 표면은 흙으로 되어 있잖아요.

쇠보다 무른 흙으로 말이에요.

그렇다면 산산조각이 나지는 않는다고 해도,

적어도 생채기 정도는 나야 할 거예요.

그런데 지구는 멀쩡하거든요.

대체 이게 어찌 된 일인가요.

그렇습니다. 상식적인 판단으로 도무지 이해가 안 되는 에
테르의 세 번째 성질은 이렇게 해서 나온 것입니다.

에테르의 세 번째 이상한 성질 : 지구는 쇠보다 강한 에테르 속을
아무런 상처도 없이 뚫고 지나간다.

말도 안 되는 에테르의 성질을 인정하다

에테르의 속성을 파헤치다 보면, 이처럼 우리가 지금까지
알고 있는 보편적인 지식으로는 도무지 받아들이기 어려운
성질들이 계속해서 나타납니다. 그러다 보니 처음에는 신념
에 찬 열의로 에테르를 연구해 보겠다고 나섰던 물리학자들
도 햄릿의 대사를 떠올리지 않을 수가 없었습니다.

에테르를 버려야 할 것인가, 말아야 할 것인가, 이것이 문제로다!

그러나 에테르를 버릴 수는 없었습니다. 에테르를 포기한다는 건 매질을 거부한다는 뜻이고, 빛의 본성이 파동이라는 사실을 부정한다는 의미이기 때문입니다. 그래서 말도 안 되는 에테르의 성질을 종합적으로 인정해야 했습니다. 이렇게 말이에요.

에테르는 강철보다 강하다.

에테르는 질량이 없는 것이나 다름없다.

에테르는 어떤 것이라도 거침없이 뚫고 지나갈 수 있는 성질을 갖고 있다.

맥스웰의 파동 방정식을 인정한다면 에테르는 어떻게든 받아들여야 하지요. 그런데 에테르는 상식적으로는 받아들이기 힘든 3가지 이상한 성질이 있어요.

어떤 성질인가요?

아리스토텔레스는 에테르의 특성이 보이지도 들리지도 않고, 냄새도 맛도 없으며, 만져지지도 않는다고 했어요.

그런 특성을 갖고 있는 에테르를 찾아낸다는 건 정말 힘들 것 같아요.

에테르는 말이지…

보이지도 않고 들리지도 않는…

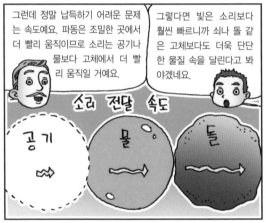

그런데 정말 납득하기 어려운 문제는 속도예요. 파동은 조밀한 곳에서 더 빨리 움직이므로 소리는 공기나 물보다 고체에서 더 빨리 움직일 거예요.

그렇다면 빛은 소리보다 훨씬 빠르니까 쇠나 돌 같은 고체보다도 더욱 단단한 물질 속을 달린다고 봐야겠네요.

소리 전달 속도

공기

물

돌

네. 에테르는 쇠나 돌보다 더욱 단단하고 무거워야 한다는 논리가 성립하지요.

정말 이상한 성질이네요.

빛이 에테르라는 매질의 도움을 받아서 움직이고 있다면, 에테르로 충만한 우주는 쇠나 딱딱한 물질로 가득 차 있어야 할 거예요.

그것이 두 번째 이상한 성질이군요.

사방 천지가 온통 에테르 투성이야!

에테르

또 있어요. 지구가 우주 속을 움직이면 에테르와 부딪치지 않을 수가 없지요. 에테르는 우주에 빈틈없이 빽빽하게 들어 있으니까 말이죠.

에테르의 세 번째 이상한 성질은 지구는 쇠보다 강한 에테르 속을 아무런 상처도 없이 뚫고 지나간다는 거네요.

에테르

9

에테르 찾기

마이컬슨은 에테르의 존재 사실을 입증하였습니다.
에테르의 존재 유무 확인 과정을 알아봅시다.

9

아홉 번째 수업

에테르 찾기

마이컬슨이 자랑스러운 표정으로
아홉 번째 수업을 시작했다.

마이컬슨의 등장

에테르의 기상천외한 성질을 두루 알아보았습니다. 그러니
이제는 에테르가 정녕 존재하는지를 살펴보아야 할 것입니다.

에테르를 찾는 작업에 뜻을 품고 연구를 시도한 과학자들
이 더러 있긴 했습니다. 그러나 에테르를 찾는 건 수월한 일
이 아니었답니다. 그래서 에테르 찾기에 뛰어든 대개의 과학
자들은 중도에 포기할 수밖에 없었고, 결과 또한 좋을 리가
없었습니다.

그런데 나, 마이컬슨(Albert Abraham Michelson, 1852~1931년)은 연구 끝에 아주 흡족할 만한 결과를 얻어 내었습니다. 나는 이 업적을 인정받아서 1907년 미국인 최초로 노벨 물리학상을 수상하였습니다.

마이컬슨의 창의적 발상 1

에테르의 존재 확인이라는 참으로 곤혹스러운 난제를 내가 어떻게 풀었을지 궁금하시지요?

나는 주저 없이 간접 방법을 택했습니다. 보이지도 않고, 들을 수도 없으며, 냄새를 맡을 수도 없고, 맛을 볼 수도 없으며, 만져지지도 않는 것을 인간의 오감으로 확인할 길은 없으

나는 미국인 최초의 노벨 물리학상 수상자!

니까요.

나는 다음과 같은 창의적 발상을 떠올렸습니다. 에테르의 존재 유무를 확인하기 위해서 내가 어떤 아이디어를 냈는지 사고 실험을 통해 설명해 보겠습니다.

지상에는 공기 입자가 가득 차 있어요.

그러나 우리는 평소에 그것의 존재를 거의 느끼지 못해요.

바람이 불어서 공기 입자가 우리 피부에 와 닿거나 부딪혀야

겨우 공기의 존재를 감지할 수가 있지요.

여기서 우리는 무엇을 유추할 수 있을까요?

그래요, 정지 상태에서는 존재의 유무를 가리기가 어렵다는 거예요.

한마디로 움직여야 존재 확인이 쉽다는 거예요.

움직임에는 두 가지 종류가 있어요.

하나는 공기가 움직이는 것처럼 대상물이 움직이는 거예요.

다른 하나는 관측자가 움직이는 거예요.

달리는 자동차의 창밖으로 손이나 얼굴을 내밀어 보아요.

바람 한 점 없는 날씨라고 해도 공기 입자가 우리의 손과 얼굴을 세차게 때리잖아요.

그렇습니다. 정지 상태에서는 인식하기 어려운 사물의 존재도 움직임을 통해서 가늠할 수가 있답니다. 이러한 생각은 에테르가 존재하는지 존재하지 않는지를 검증하는 데에도 그대로 적용할 수가 있습니다.

음, 공기 입자가 내 보드라운 피부를 때리는군!

사고 실험을 이어 가겠습니다.

지구는 태양 둘레를 공전하고 있어요.

우주 공간이 정녕 에테르로 빼곡하게 차 있다면,

지구가 공전하는 길에도 에테르가 있을 거예요.

지구 공전 궤도의 전후좌우 어느 쪽을 막론하고 말이에요.

에테르가 그렇게 가득 들어 있는 곳을 지구가 지나가면 어떻게 되

겠어요?

그래요, 에테르가 흔들릴 거예요.

약하게 흔들릴지 강하게 흔들릴지는 모르겠지만, 흔들릴 것이라는

사실은 분명해요.

움직임은 대상물이 움직이는 경우와
관측자가 움직이는 경우가 있겠지요.

에테르의 바람

달리는 자동차가 가만히 있는 공기 입자를 움직이게 하는 것처럼 말이에요.

가만히 정지해 있는 에테르를 들뜨게 해서 일으키는 바람을 에테르의 바람이라고 부른답니다.

사고 실험을 계속하겠습니다.

에테르의 바람이 불면, 그로 말미암아 자연히 변하는 현상이 있을 거예요.

그것을 간파해 내면 에테르의 존재 유무를 간접적으로나마 확인할 수 있을 거예요.

그것은 무엇일까요?

어렵게 생각할 필요가 없어요.

에테르의 바람으로 빛이 영향을 받을 겁입니다.

기상천외한 에테르를 굳이 고려해야 하는 이유가 무엇이었나요?

빛 때문이었어요.

빛의 본성이 파동임을 재차 확인하기 위해서였지요.

그래서 에테르 속을 지나는 빛을 가정한 거였잖아요.

그렇다면 에테르의 바람으로 변하는 건 바로 빛일 거예요.

그런데 빛이 어떻게 변한다는 걸까요?

기차의 상대 속도

여기서 기차의 운동에 대해서 생각해 보지요.

사고 실험을 하겠습니다.

수아와 지수가 각기 다른 기차를 타고 있어요.

수아가 탄 기차는 시속 100km, 지수가 탄 기차는 시속 120km로

같은 방향으로 달리고 있어요.

수아가 지수를 보면 당연히 빠르게 보일 거예요.

속도가 빠르니까요.

그러나 시속 120km로 움직이고 있다고 느끼지는 않아요.

수아가 탄 기차도 달리고 있기 때문이에요.

이것은 지수가 시속 120km로 달리고 있는데,

수아가 시속 100km로 쫓아가는 상황이라고 보아도 무방해요.

그래서 지수는 수아보다 시속 20km만큼만 더 빨리 달리는 것처럼

보이는 거예요.

시속 20km가 어떻게 나왔을까요? 그렇습니다. 시속 120km에서 100km를 뺀 값이랍니다. 이와 같이 같은 방향으로 움직이는 경우, 상대가 느끼는 속도는 빼 주면 알 수가 있답니다.

그럼 이번에는 다른 방향으로 움직이는 경우에 대해서 알아보겠습니다.

사고 실험을 하겠습니다.

아영이와 송이가 각기 다른 기차를 타고 있어요.

아영이가 탄 기차는 시속 50km, 송이가 탄 기차는 시속 60km로 반대 방향으로 달리고 있어요.

아영이가 송이를 보면, 굉장히 빨리 달리는 것처럼 보일 거예요.

송이는 시속 110km로 달리고 있구나!

60km

50km

왜냐하면 아영이가 송이로부터 자꾸만 멀어지고 있기 때문이에요.

이것은 송이가 아영이의 멀어지는 속도만큼을 덤으로 얻었다는 뜻이기도 해요.

그래서 송이는 시속 110km로 달리는 것처럼 보이는 거예요.

시속 110km가 어떻게 나왔지요? 그래요, 시속 50km와 60km를 더해서 나온 값이랍니다. 이처럼 반대 방향으로 움직이는 경우, 상대가 느끼는 속도는 더해 주면 알 수가 있답니다.

같은 방향으로 움직이는 경우, 상대가 느끼는 속도는 빼 주면 된다.
반대 방향으로 움직이는 경우, 상대가 느끼는 속도는 더해 주면 된다.

마이컬슨의 창의적 발상 2

나는 기차의 상대 속도에 대한 개념을, 에테르 속을 지나는 빛과 지구에 그대로 적용했답니다.

사고 실험을 하겠습니다.

지구는 1년을 주기로 공전해요.

공전 궤도를 A, B, C, D로 4등분해 보겠어요.

나누어진 각각의 궤도를 지나는 데에는

대략 3개월가량이 걸릴 거예요.

내가 A지점에서 출발한다고 해 보아요.

그러면 3개월 후에는 B지점에 이르고,

6개월 후에는 반대 지점인 C지점에 이를 거예요.

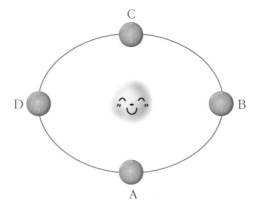

이러한 상황에서 별이 왼쪽 저 멀리에 있다고 생각해 봅시다. 그러면 별빛은 왼쪽에서 오른쪽으로 진행해 오는 것입니다.

사고 실험을 이어 가겠습니다.

A지점에서 지구는 왼쪽에서 오른쪽으로 움직이고 있어요.

별빛의 방향도 왼쪽에서 오른쪽이에요.

지구의 공전 방향과 별빛의 방향이 같은 거예요.

방향이 같을 때, 상대가 느끼는 속도는 어떻게 된다고 했지요?

그래요, 빼 주어야 한다고 했어요.

그래서 A지점에서 관측한 별빛의 속도는

별빛의 속도에 지구의 공전 속도를 뺀 값이 되어야 할 거예요.

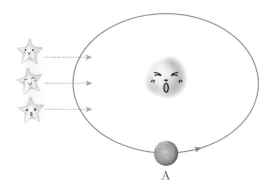

A

A지점 주변에도 에테르는 있을 것입니다. 그러니 지구와 별빛이 A지점을 지날 때 에테르의 바람이 일 것이고, 이것이 어떤 식으로든 지구와 별빛의 움직임에 영향을 줄 것입니다.

사고 실험을 이어 가겠습니다.

이번에는 C지점의 상황을 고려해 보겠어요.

이곳에서 지구는 오른쪽에서 왼쪽으로 움직이고 있어요.

그러나 별빛의 방향은 왼쪽에서 오른쪽으로 이동해요.

지구의 공전 방향과 별빛의 방향이 반대인 거예요.

방향이 반대일 때, 상대가 느끼는 속도는 어떻게 된다고 했지요?

그래요, 더해 주어야 한다고 했어요.

그래서 C지점에서 관측한 별빛의 속도는 별빛의 속도에 지구의 공전 속도를 더한 값이 되어야 하는 거예요.

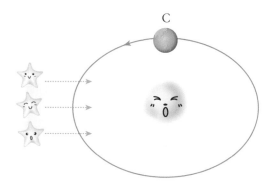

C지점 주변에도 에테르는 있을 테고, 지구와 별빛이 움직이면서 불게 된 에테르의 바람이 약하든 강하든 지구와 별빛의 움직임에 영향을 줄 것이라고 추론한 것입니다.

A지점에서는 속도를 빼 주어야 하고 C지점에서는 속도를 더해 주어야 하니, 꼭 지구의 공전 속도만큼은 아니더라도 두 곳에서 측정한 별빛의 속도는 달라야 할 것입니다. 이것이 제가 내놓은 창의적 발상의 요지입니다.

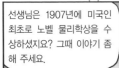

선생님은 1907년에 미국인 최초로 노벨 물리학상을 수상하셨지요? 그때 이야기 좀 해 주세요.

그럴까요? 나는 에테르를 찾는 연구 끝에 아주 흡족할 만한 결과를 얻게 되었지요. 나의 창의적 발상을 들려줄게요.

혹시 지금 공기 입자의 존재가 느껴지나요?

아니요. 바람이 불어서 공기 입자가 우리 피부에 와 닿거나 부딪쳐야 겨우 공기의 존재를 느낄 수 있잖아요.

맞아요, 움직여야 존재 확인이 쉽지요. 움직임에는 2가지 종류가 있는데 하나는 공기가 움직이는 것처럼 대상체가 움직이는 거예요.

다른 하나는 관측자가 움직이는 방법이겠네요?

음·· 좋은 냄새~

네. 달리는 자동차의 창밖으로 손이나 얼굴을 내밀면 바람 한 점 없어도 공기 입자가 우리의 손과 얼굴을 세차게 때리지요.

그러면 정지 상태에선 인식하기 어려운 사물의 존재도 움직임을 통해서 가능할 수가 있겠군요.

그래요. 우주 공간이 에테르로 가득 차 있다면, 지구가 공전할 때마다 에테르가 흔들려 에테르의 바람이 불 거예요.

달리는 자동차가 가만히 있는 공기 입자를 움직이게 하는 것과 같군요.

에테르의 바람이 지구와 별빛의 움직임에 영향을 준다는 것을 알아내면 에테르의 존재 유무를 간접적으로나마 확인할 수 있지요.

그렇겠네요. 정말 대단하세요!

에테르의 바람

빛의 본성

빛은 입자적인 성질과 파동적인 성질을 동시에 지닙니다.
아인슈타인의 이론을 바탕으로 빛의 본성에 대해 알아봅시다.

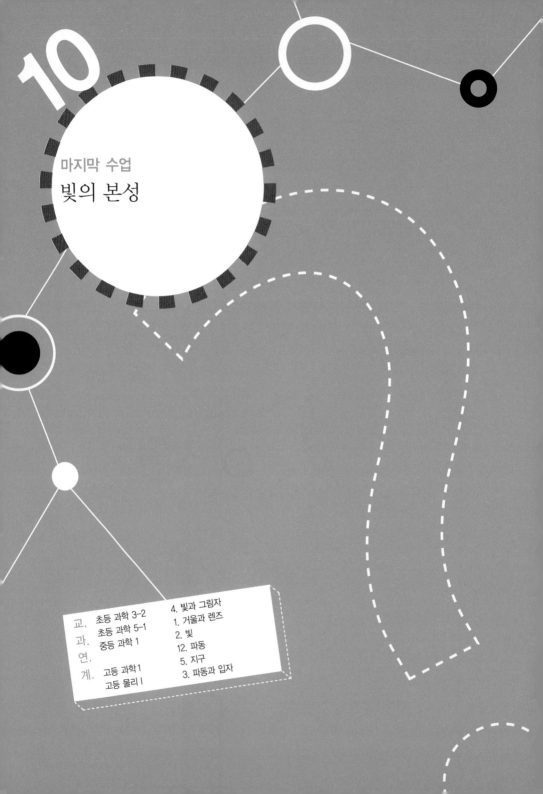

10

마지막 수업
빛의 본성

마이컬슨이 자신의
창의적 발상을 소개하며
마지막 수업을 시작했다.

믿어지지 않는 실험 결과

별빛과 지구의 공전은 에테르의 바람을 불러일으킨다.

에테르의 바람은 어떤 식으로든 지구와 별빛의 속도에 영향을 미친다.

이 미묘한 차이를 검증해 보면 에테르의 존재 유무를 밝힐 수 있다.

이것이 내가 이끌어 낸 창의적 발상이었습니다. 나는 이 생
각을 바탕으로 실험을 해 보았습니다.

나는 에테르가 존재할 것이라는 사실에 의심을 품지 않았

에테르의 바람이 분다면, A와 C에서의 광속에 차이가 있어야 할 겁니다.

습니다. 에테르의 바람과 광속에 차이가 나는 건 필연일 수밖에 없다고 보았던 것입니다.

그러나 실험 결과는 예상과 전혀 달랐습니다. A와 C 지점에서 측정한 광속에 차이가 없었던 것입니다. 나는 당혹스러웠습니다.

'왜 예측과 다른 결과가 나온 걸까?'

나는 실험을 다시 해 보기로 했습니다. 실험 과정에 오차가 있었을 수도 있으니까요.

나는 완벽에 가깝도록 정성에 정성을 기울여서 실험을 했습니다. 그러나 결과는 마찬가지였습니다. 도저히 믿어지가 않았습니다. 이렇게 되고 보니 상황은 실로 심각해지지 않을 수 없었습니다.

아, 에테르를 버려야 하다니!

마이컬슨의 실험과 특수 상대성 이론

내 자랑 같아서 상당히 쑥스럽지만, 에테르에 대한 나의 실험은 상당히 의미 있는 업적 가운데 하나랍니다. 아인슈타인은 내 실험 결과를 놓고 이렇게 말했습니다.

"마이컬슨은 정교하기 이를 데 없는 일을 훌륭히 해 내었습니다. 이는 과학사에 길이 남을 불후의 업적이라 하지 않을 수 없는 대단한 성과입니다."

내 실험의 결과 광속에는 차이가 없었습니다. 즉, 광속은

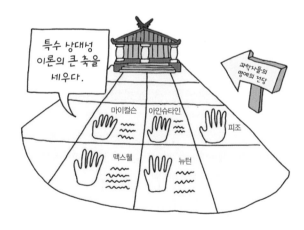

어디서나 일정하다는 것이었지요.

광속이 일정하다는 건 특수 상대성 이론의 튼튼한 뿌리입니다. 아인슈타인은 광속 일정의 원리를 기반 삼아서 특수 상대성 이론을 완성해 내었으니까요. 이건 다시 말하면, 특수 상대성 이론을 최초로 검증해 낸 과학자가 바로 나라는 이야기이기도 한 셈이지요.

마이컬슨의 실험 결과 : 광속은 일정하다.

광속 불변의 원리 : 광속은 일정하다. 그리고 진공에서의 광속은 초속 30만 km이다.

아인슈타인의 해석

1905년, 아인슈타인은 걸출한 특수 상대성 이론을 발표했습니다. 그리고 그해에 광전 효과라는 이론도 함께 발표했습니다.

금속 표면에 파장이 짧은 빛을 쪼이면 전자가 툭툭 튀어 나오는데, 이것을 광전 효과라고 합니다.

광전 효과는 분명 빛의 작용과 관계있는 현상입니다. 그러

니 빛의 파동론으로 쉽게 설명해 낼 수 있어야 합니다. 그런데 그렇게 하지 못했습니다. 여기서 20세기가 낳은 천재 물리학자 아인슈타인이 등장합니다.

사고 실험을 하겠습니다.

전자는 부피가 있어요.

알갱이인 거예요.

알갱이가 툭툭 튀어 나오게 하려면 어떻게 해야 할까요?

그래요, 알갱이로 때리면 수월할 거예요.

그렇습니다. 알갱이에는 파동이 아닌 알갱이가 필요한 것입니다.

아인슈타인은 이렇게 결론 내렸습니다.

빛은 알갱이로 이루어져 있다.

빛을 이루는 알갱이를 광자라고 부릅니다.
이렇게 해서 파동론에 눌려서 거의 잊힐 뻔했던 입자론이
다시 부활하게 되었답니다. 그러나 그것은 입자론만의 화려
한 승리는 아니었습니다. 아인슈타인은 이렇게 덧붙여 말했
거든요.

빛은 입자적인 성질과 파동적인 성질을 함께 갖고 있다.

사람의 마음은 착한 마음과 악한 마음이 있어서 어떤 때에는 착한 마음이 강하게 드러나고, 어떤 때에는 악한 마음이 뚜렷하게 나타납니다. 이렇듯 빛의 본성도 어떤 때에는 파동과 같은 특성이 강하게 드러나고, 또 어떤 때에는 입자와 같은 특성이 뚜렷하게 나타난다는 사실을 아인슈타인이 알아낸 것입니다.

　한마디로 말해서, 빛은 두 얼굴을 한 야누스의 본성을 지니고 있는 것입니다.

나는 에테르가 존재할 것이라는 사실에 의심을 품지 않았어요. 에테르의 바람과 광속에 차이가 나는 건 필연일 수밖에 없다고 보았던 것이죠.

그래서 실험 결과는 어떻게 되었나요?

그런데 실험 결과가 예상과 전혀 달랐어요. A와 C지점에서 잰 광속에 차이가 없었지요. 실험을 다시 해도 결과는 마찬가지였어요.

그럼 에테르는 어떻게 되는 거지요?

그러나 에테르에 대한 나의 실험은, 아인슈타인의 특수 상대성 이론을 완성하는 데 영향을 미쳤어요. 광속이 일정하다는 나의 실험 결과가 튼튼한 뿌리가 된 거죠.

과학사에 남을 대단한 성과를 이루셨군요.

특수 상대성 이론

광속이 일정하다.

1905년 아인슈타인은 특수 상대성 이론과 함께 광전 효과 이론도 발표했어요. 금속 표면에 파장이 짧은 빛을 쪼이면 전자가 툭툭 튀어나오는데, 이것을 광전 효과라고 하지요.

광전 효과는 빛의 작용과 관계있는 현상이지요?

전자는 알갱이야. 알갱이가 튀어나오게 하려면 알갱이로 때리는 게 수월해. 그러니 알갱이에는 파동이 아닌 알갱이가 필요하지.

이렇게 해서 파동론에 눌려서 거의 잊힐 뻔했던 입자론이 다시 부활하게 되었지요.

그렇군요.

그럼 입자론이 다시 승리한 건가요?

그건 아니에요. 아인슈타인은 빛은 입자적인 성질과 파동적인 성질을 함께 갖고 있다고 말했거든요.

입자적인 성질과 파동적인 성질을 함께 가지고 있음

광속을 측정한 마이컬슨 Albert Michelson, 1852~1931

　미국의 물리학자 마이컬슨은 폴란드의 스트렐노에서 태어났습니다. 1854년에 부모와 함께 미국으로 이주했으며, 1873년에는 해군 사관 학교를 마쳤습니다.

　1880년 유럽으로 유학을 떠나 베를린 대학, 하이델베르크 대학, 파리 대학 등에서 공부하고 1881년 정밀도가 뛰어난 마이컬슨 간섭계를 제작하였습니다. 1883년 미국으로 돌아와서 광속 측정에 매진하여 초속 29만 9,853km/s라는 광속에 근접한 값을 얻었습니다. 그 후에도 광속을 측정해 더욱 정밀한 값을 얻었습니다.

　1887년에는 동료 물리학자인 몰리(Edward Williams

Morley, 1838~1923)와 함께 우주 공간에 에테르가 존재하는지를 검증하는 실험에 들어갔습니다. 이것이 그 유명한 '마이컬슨·몰리의 실험'이랍니다.

에테르가 존재한다면 광속에 변화가 있어야 합니다. 그러나 실험 결과는 광속에 변화가 없었습니다. 에테르가 존재하지 않는다는 것을 보여 준 결과이지요. 이것은 훗날 아인슈타인이 특수 상대성 이론을 구축하는 밑거름이 되었습니다.

마이컬슨은 1892년에는 시카고 대학의 물리학과 교수가 되었고, 1929년 은퇴할 때까지 재직했습니다. 그리고 1923~1927년에는 국립 과학 아카데미 의장을 지냈습니다.

마이컬슨은 길이의 표준으로 특정 파장의 빛을 사용하는 것이 좋다는 제안을 했고, 천체 관측에도 관심을 쏟아 목성의 지름을 측정하기도 했답니다.

이러한 공로를 인정받아 1907년 미국인으로서는 처음으로 노벨 물리학상을 수상했습니다. 저서로는 《광속》(1902), 《광파와 그 이용》(1903) 등이 있습니다.

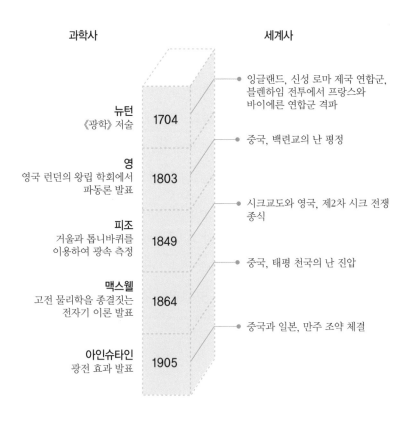

과 학 연 대 표
언제, 무슨 일이?

과학사

세계사

뉴턴
《광학》 저술

1704

● 잉글랜드, 신성 로마 제국 연합군,
블렌하임 전투에서 프랑스와
바이에른 연합군 격파

영
영국 런던의 왕립 학회에서
파동론 발표

1803

● 중국, 백련교의 난 평정

피조
거울과 톱니바퀴를
이용하여 광속 측정

1849

● 시크교도와 영국, 제2차 시크 전쟁
종식

맥스웰
고전 물리학을 종결짓는
전자기 이론 발표

1864

● 중국, 태평 천국의 난 진압

아인슈타인
광전 효과 발표

1905

● 중국과 일본, 만주 조약 체결

1. 빨강에서 보라 쪽으로 갈수록 ☐☐ 이 짧아집니다.

2. 빛이 일곱 가지 무지개 색으로 나누어지는 것을 ☐☐ 이라고 합니다.

3. 빛의 분산 작용으로 만들어진 띠는 ☐☐☐☐ 이고, 무지개는 분산의 좋은 예입니다.

4. 하나로 된 빛을 ☐☐☐ 이라고 합니다. 레이저에서 나오는 강렬한 빛이 ☐☐☐ 입니다.

5. 무지개 색으로 분산된 빛을 모아서 ☐☐☐ 에 통과시키면 원래의 순수한 흰색이 됩니다.

6. 빛의 본성을 입자라고 보는 이론은 빛의 ☐☐☐ 이고, 파동이라고 보는 이론은 ☐☐☐ 입니다.

7. 금속 표면에서 전자가 튀어나오는 현상을 ☐☐ ☐☐ 라고 합니다.

8. 빛을 이루는 알갱이는 ☐☐ 입니다.

빛과 투명 망토

다음과 같은 뉴스가 보도된 적이 있지요.

"소설《해리 포터》의 주인공이 입었던 투명 망토가 현실화될 가능성이 열렸다. 미국과 영국의 과학자로 구성된 연구진이 마이크로파를 인식하지 못하는 장치를 개발했다. 비밀은 구리와 유리 섬유로 만든 물질에 있다. 이것으로 원통형의 장치를 만들고, 그 안에 물체를 넣는다. 그리고는 장치 밖에서 마이크로파를 쏘자 물체는 마이크로파를 반사하지 못하고 피해서 지나갔다."

사람이나 물체 주위로 차단막을 쳐서 마이크로파가 빗겨 가도록 함으로써 투명 망토를 만드는 데 성공했다는 얘기입니다. 이때의 투명 망토는 마이크로파에 대한 투명 망토가 되는 것이지요.

연구진은 같은 원리를 적용하면 가시광선도 빗겨 갈 수 있는 투명 망토의 제작이 가능하다고 말했습니다.

그들의 방식대로라면 가시광선을 차단하는 일이 가능할 듯 보입니다. 원리적으로 전혀 문제 될 게 없거든요.

그러나 우리가 왜 투명 인간이 되려고 하는지를 생각해 봐야 합니다. 투명 인간 속에는 타인은 나를 보지 못해도 나는 그들을 볼 수 있다는 욕망이 들어 있습니다. 그런데 투명 인간이 볼 수 없다면 투명 망토를 만든 의미가 없겠지요?

마이크로파의 차단막이 쳐졌다는 것은 투명 망토 속으로 마이크로파가 들어오지 않는다는 얘기입니다. 같은 원리로 가시광선을 차단하는 막을 쳐서 가시광선이 내부로 들어오지 못하도록 한다면, 투명 망토 속은 가시광선이 하나도 없는 가시광선의 암흑천지가 되지요. 그 안에서는 가시광선을 감지하지 못한다는 의미입니다.

그런데 가시광선이 없는 곳에서 무엇을 볼 수 있겠습니까? 투명 망토 속은 그래서 사물을 볼 수 없는 세상이 되는 겁니다. 사람들에게 투명 망토가 보이지 않지만, 투명 망토를 입은 사람도 다른 사람을 볼 수 없는 처지가 되는 것입니다. 왜냐하면 투명 망토 속으로 가시광선이 들어오지 못하니까요. 이것이 투명 망토의 딜레마랍니다.